Jutta Panke

Protein-Interaktionsanalyse der Tumor-assoziierten Tyrosinkinase c-Kit

Jutta Panke

Protein-Interaktionsanalyse der Tumor-assoziierten Tyrosinkinase c-Kit

Zur Identifizierung neuer molekularer Wirkstoffziele für die Therapie von gastrointestinalen Stromatumoren

Südwestdeutscher Verlag für Hochschulschriften

Impressum/Imprint (nur für Deutschland/only for Germany)
Bibliografische Information der Deutschen Nationalbibliothek: Die Deutsche Nationalbibliothek verzeichnet diese Publikation in der Deutschen Nationalbibliografie; detaillierte bibliografische Daten sind im Internet über http://dnb.d-nb.de abrufbar.
Alle in diesem Buch genannten Marken und Produktnamen unterliegen warenzeichen-, marken- oder patentrechtlichem Schutz bzw. sind Warenzeichen oder eingetragene Warenzeichen der jeweiligen Inhaber. Die Wiedergabe von Marken, Produktnamen, Gebrauchsnamen, Handelsnamen, Warenbezeichnungen u.s.w. in diesem Werk berechtigt auch ohne besondere Kennzeichnung nicht zu der Annahme, dass solche Namen im Sinne der Warenzeichen- und Markenschutzgesetzgebung als frei zu betrachten wären und daher von jedermann benutzt werden dürften.

Coverbild: www.ingimage.com

Verlag: Südwestdeutscher Verlag für Hochschulschriften GmbH & Co. KG
Dudweiler Landstr. 99, 66123 Saarbrücken, Deutschland
Telefon +49 681 37 20 271-1, Telefax +49 681 37 20 271-0
Email: info@svh-verlag.de

Zugl.: Heidelberg, Uni, Diss., 2011

Herstellung in Deutschland:
Schaltungsdienst Lange o.H.G., Berlin
Books on Demand GmbH, Norderstedt
Reha GmbH, Saarbrücken
Amazon Distribution GmbH, Leipzig
ISBN: 978-3-8381-2715-6

Imprint (only for USA, GB)
Bibliographic information published by the Deutsche Nationalbibliothek: The Deutsche Nationalbibliothek lists this publication in the Deutsche Nationalbibliografie; detailed bibliographic data are available in the Internet at http://dnb.d-nb.de.
Any brand names and product names mentioned in this book are subject to trademark, brand or patent protection and are trademarks or registered trademarks of their respective holders. The use of brand names, product names, common names, trade names, product descriptions etc. even without a particular marking in this works is in no way to be construed to mean that such names may be regarded as unrestricted in respect of trademark and brand protection legislation and could thus be used by anyone.

Cover image: www.ingimage.com

Publisher: Südwestdeutscher Verlag für Hochschulschriften GmbH & Co. KG
Dudweiler Landstr. 99, 66123 Saarbrücken, Germany
Phone +49 681 37 20 271-1, Fax +49 681 37 20 271-0
Email: info@svh-verlag.de

Printed in the U.S.A.
Printed in the U.K. by (see last page)
ISBN: 978-3-8381-2715-6

Copyright © 2011 by the author and Südwestdeutscher Verlag für Hochschulschriften GmbH & Co. KG and licensors
All rights reserved. Saarbrücken 2011

Danksagung

Diese Arbeit war für mich ein ganz besonderer „Lehrer" - sowohl in wissenschaftlicher - als auch in persönlicher Hinsicht.

Ein besonderer Dank geht an Dr. Dirk Bossemeyer, Prof. Wolf-Dieter Lehmann und Prof. Peter Hohenberger sowie an die Arbeitsgruppen W160 und A060 für die freundliche Unterstützung in vielerlei Hinsicht.

Für die freundschaftliche und wissenschaftliche Unterstützung möchte ich mich im besonderem Maße bei Andrea Erlbruch, Christina Reufsteck und Esther Weiss bedanken.

Herzlichen Dank an meine Familie für alles, was sie mir ermöglicht und mitgegeben haben.

Meinen Freunden und Lehrern danke ich aus tiefstem Herzen für alles, was ich mit ihnen und durch sie erfahren und erleben durfte.

Ganz besonders herzlichen Dank an Gunnar Görke und Alan Lowen.

FÜR J.A.

1 EINLEITUNG ... 1

1.1 Proteinkinasen ... 1

1.2 Rezeptortyrosinkinase c-Kit ... 1
1.2.1 Signaltransduktion von c-Kit ... 3
1.2.2 c-Kit als Onkogen ... 5

1.3 Gastrointestinale Stromatumoren (GIST) ... 6
1.3.1 Primäre Therapie bei GIST ... 7
1.3.2 Zweitlinientherapie bei GIST ... 9

1.4 Das Chaperonsystem ... 11
1.4.1 Das *heat shock protein* 90 (Hsp90) ... 11
1.4.2 Das Cochaperon Cdc37 ... 12
1.4.3 Der Chaperon-Zyklus von Kinasen und die Wirkung von Hsp90 Inhibitoren ... 13
1.4.4 Hsp90 und Cdc37 als Zielmoleküle bei der Krebsbehandlung ... 14

1.5 Inhibierung des Hsp90/Cdc37 Chaperonsystems zur Behandlung von GIST ... 17

1.6 Expressions-entkoppelte Tandem-Affinitätsreinigung (u-TAP) ... 20

1.7 Problemstellung und Zielsetzung dieser Arbeit ... 22

2 MATERIAL UND METHODEN ... 24

2.1 Materialien ... 24
2.1.1 Chemikalien und Verbrauchsmaterial ... 24
2.1.2 Vektoren und Plasmide ... 24
2.1.3 Oligonukleotide ... 24
2.1.4 Antikörper ... 26
2.1.5 Standardpuffer ... 26

2.2 Molekularbiologische Methoden ... 27
2.2.1 Transformation chemisch kompetenter *E. coli*-Zellen ... 27
2.2.2 Präparation von Plasmid DNA ... 27
2.2.3 DNA Restriktion ... 27
2.2.4 Elektrophoretische Auftrennung von DNA-Fragmenten im Agarosegel ... 28
2.2.5 Isolation von DNA aus Agarosegelen ... 28
2.2.6 Polymerase-Kettenreaktion (PCR) ... 28

2.2.7	Ligation von DNA-Fragmenten	29
2.2.8	Ortsgerichtete Mutagenese	29
2.2.9	Klonierungen	29
2.2.10	DNA-Sequenzierung	31
2.3	**Zellbiologische Methoden**	**31**
2.3.1	Zelllinien	31
2.3.2	Kultivierung von Zellen	31
2.3.3	Transiente Plasmid-Transfektion	32
2.3.4	Expression rekombinanter Proteine	32
2.4	**Proteinbiochemische Methoden**	**33**
2.4.1	Herstellung von Zelllysaten	33
2.4.2	Aufreinigung der TAP-c-Kit Köderproteine	34
2.4.3	Initiierung der Autophosphorylierungsreaktion von TAP-c-Kit Wildtyp	35
2.4.4	Bestimmung der c-Kit Kinaseaktivität	36
2.4.5	Tandem-Affinitätsreinigung	37
2.4.6	Verkürzte Tandem-Affinitätsreinigung von c-Kit Mutanten	37
2.4.7	Expressions-entkoppelte Tandem-Affinitätsreinigung	38
2.4.8	Immunopräzipitation	39
2.4.9	GST Pull-down-Assay	40
2.4.10	SDS-Polyacrylamid-Gelelektrophorese (SDS-PAGE)	41
2.4.11	Immunologischer Nachweis von Proteinen (Western Blot)	42
2.4.12	Quantifizierung der Proteinbanden	43
2.5	**Massenspektrometrie**	**44**
2.5.1	Identifizierung von Proteinen und Protein-Phosphorylierungsstellen und Bestimmung des Phosphorylierungsgrades	44
2.5.2	Bestimmung der Phosphorylierung mittels nanoESI-MS	47
3	**ERGEBNISSE**	**49**
3.1	**Expression und Charakterisierung von TAP-c-Kit Wildtyp**	**49**
3.1.1	Expression von TAP-c-Kit Wildtyp	49
3.1.2	Charakterisierung von TAP-c-Kit Wildtyp	52
3.1.3	Funktionalität des TAP-tags	52
3.1.4	Reinheit der Tandem-Affinitätsreinigung	54
3.1.5	Autophosphorylierung von c-Kit Wildtyp	56
3.1.6	Kinaseaktivität von c-Kit Wildtyp	61

3.2	Expression und Charakterisierung von c-Kit Mutanten	63
3.2.1	Auswahl der c-Kit Mutationen	63
3.2.2	Expression von mutierten TAP-c-Kit Proteinen	64
3.2.3	Charakterisierung von c-Kit Mutanten	67
3.2.4	Bestimmung von Phosphorylierungsstellen in c-Kit Mutanten	67
3.3	**Interaktionspartner-Analyse von c-Kit Wildtyp**	**71**
3.3.1	Etablierung der expressions-entkoppelten Tandem-Affinitätsreinigung für c-Kit Wildtyp	71
3.3.2	Analyse von Phosphorylierungs-spezifischen Interaktionen von c-Kit Wildtyp	75
3.3.3	Interaktionspartner-Analyse von c-Kit Wildtyp unter Inhibitor-Zugabe	79
3.4	**Interaktionspartner-Analyse von c-Kit Mutanten**	**81**
3.4.1	Interaktionspartner-Analyse der c-Kit Mutanten durch verkürzte TAP-Reinigung	82
3.4.2	Charakterisierung der wichtigsten Interaktionspartner der c-Kit Mutanten	83
3.4.3	Interaktion von Cdc37 und Hsp90 mit c-Kit Rezeptoren aus humanen GIST-Zelllinien	86
3.4.4	Mutationsspezifische Interaktionsanalysen von c-Kit Mutanten mit Hsp90	88
3.4.5	Verifizierung der Interaktion von Cdc37 mit den c-Kit Mutanten	91
3.5	**Inhibitorstudien zu Interaktionspartnern von c-Kit Wildtyp und c-Kit Mutanten**	**93**
3.5.1	Dosis-Wirkungskurven von 17AAG	93
3.5.2	Zeitabhängige Wirkung von 17AAG	95
3.5.3	17AAG Wirkung auf c-Kit Mutanten und c-Kit Wildtyp	96
3.5.4	Wirkung von 17AAG auf die Bindung zwischen c-Kit und Hsp90/Cdc37	99
4	**DISKUSSION**	**101**
4.1	**Methodenetablierung und Charakterisierung der rekombinanten c-Kit Proteine**	**101**
4.1.1	Kriterien für die Auswahl der expressions-entkoppelten TAP-Methode	101
4.1.2	Auswahl und Expression der c-Kit Köderproteine	103
4.1.3	Charakterisierung der TAP-c-Kit Köderproteine	105
4.1.4	Phosphorylierungsstatus von c-Kit Wildtyp und c-Kit Mutanten	106
4.1.5	Expressions-entkoppelte Tandem-Affinitätsreinigung mit c-Kit Wildtyp	110
4.1.6	Verkürzte TAP-Methode zur Aufreinigung der c-Kit Mutanten	112
4.2	**Interaktionspartner Analyse von c-Kit Wildtyp**	**112**
4.2.1	Identifizierung phosphorylierungsspezifischer Interaktionspartnern von c-Kit Wildtyp	112
4.2.2	Der Einfluss von Imatinib und 17AAG auf das Protein-Interaktionsnetzwerk von c-Kit Wildtyp	116
4.3	**Interaktionspartner Analyse von c-Kit Mutanten**	**118**
4.3.1	Cochaperon Cdc37, ein neuer Interaktionspartner von c-Kit Mutanten	118

4.3.2	c-Kit mutationsspezifische Interaktionsanalysen von Hsp90 und Cdc37	120
4.3.3	Wirkung von 17AAG auf die Interaktion von c-Kit Mutanten und dem c-Kit Wildtyp	123
5	**ZUSAMMENFASSUNG**	**127**
6	**LITERATURVERZEICHNIS**	**128**
7	**ABKÜRZUNGSVERZEICHNIS**	**138**
8	**ANHANG**	**140**
8.1	Interaktionspartner von c-Kit Wildtyp	140

1 Einleitung

1.1 Proteinkinasen

Zellen haben die Fähigkeit auf extrazelluläre Signale zu reagieren und miteinander zu kommunizieren. Rezeptoren auf der Zelloberfläche sind dabei Voraussetzung für die Erkennung von extrazellulären Signalen, die Weiterleitung ins Zellinnere, die Umsetzung der zellulären Antworten und die Termination der Signale (Hunter 2000). Bei der Signalweiterleitung haben Proteinkinasen eine besondere Bedeutung, indem sie durch Phosphorylierung von Protein-Interaktionspartnern Signale weiterleiten. Dabei katalysieren sie die Übertragung der γ-Phosphatgruppe von Adenosintriphosphat auf einen nukleophilen Phosphatgruppen-Akzeptor ihres Substrates. Bezüglich ihrer Phosphorylierungsspezifität unterscheidet man Serin-/Threoninkinasen und Tyrosinkinasen. Proteinkinasen haben eine Schlüsselrolle bei der Regulation von nahezu allen grundlegenden zellulären Vorgängen wie Metabolismus, Differenzierung, Genregulation oder Zelltod (Krebs 1985). Proteinphosphatasen sind die Gegenspieler der Proteinkinasen, sie katalysieren die Abspaltung der Phosphatgruppe (Hunter 1995). Insgesamt kontrollieren 520 Proteinkinasen und 130 Proteinphosphatasen den Proteinphosphorylierungsstatus, darunter 90 Proteintyrosinkinasen, die man wiederum in Nicht-Rezeptortyrosinkinasen und Rezeptortyrosinkinasen unterteilt. Die Familie der Rezeptortyrosinkinasen besteht wiederum aus 20 Subgruppen, die strukturelle Gemeinsamkeiten haben und aus einer extrazellulären Domäne, einer Transmembran-Domäne, einer Juxtamembran-Domäne, sowie einer Kinase-Domäne und einem C-Terminus bestehen (Blume-Jensen 2001). Die Rezeptortyrosinkinase c-Kit gehört zur dritten Subgruppe.

1.2 Rezeptortyrosinkinase c-Kit

Das Onkogen v-Kit wurde 1986 als transformiertes Gen im *Hardy-Zuckerman 4 feline sacroma* Virus entdeckt (Besemer 1986). Ein Jahr später wurde c-Kit als zelluläres Homolog zum viralen Onkogen durch Sequenz-Übereinstimmungen identifiziert (Yarden 1987). Das c-Kit Protoonkogen ist auf dem Chromosom 4q11-21 lokalisiert und bekannt als kodierend für eine Rezeptortyrosinkinase, seit 1990 der *stem cell factor* (SCF) als sein Ligand identifiziert wurde (Williams 1990). c-Kit ist ein 145 kDa großes transmembranes Glykoprotein und gehört zur Klasse III der Rezeptortyrosinkinasen, wie auch der *platelet-derived growth factor* (PDGF) Rezeptor, der *macrophage colony-stimulating-factor* (CSF-1) Rezeptor und die *fms-like tyrosinkinase* (Flt3). Diese Gruppe der Rezeptortyrosinkinasen ist charakterisiert durch eine extrazelluläre Domäne, bestehend aus fünf IgG-ähnlichen Domänen, einer Transmembran-Domäne, einer Juxtamembran-Domäne sowie einer Kinase-Domäne, die durch eine Kinase *insert*-Domäne zweigeteilt ist. In humanem Gewebe wird c-Kit in Mastzellen, hämatopoetischen Zellen, Melanozyten, vaskulären Endothelzellen, Kajalzellen (*interstitial cells of cajal*, ICC), sowie in den Hoden, dem Gehirn, in glandulären Epithelzellen der Brust und in undifferenzierten embryonalen Stammzellen exprimiert (Huizinga 1995, Ashman 1999). Die Signalweiterleitung von c-Kit ist wichtig für zahlreiche Prozesse wie Entwicklung und Funktion der Mastzellen, der Hämatopoese, der Keimzellen, der Melanozyten und der Kajalzellen. Die Weiterleitung von Signalen wird ausgelöst durch Bindung des Liganden *stem cell factor* (SCF) an den extrazellulären Teil von c-Kit.

Aktivierung von c-Kit

In Abwesenheit von SCF liegt der Rezeptor als Monomer in nicht-aktivem Zustand vor. Der allgemeine Mechanismus zur Aktivierung von „schlafenden" Rezeptoren ist, dass der geeignete Ligand an die extrazelluläre Domäne von zwei Rezeptor-Monomeren bindet, es dadurch zu einer räumlichen Annäherung kommt und so ein Rezeptordimer entsteht. Der Ligand SCF liegt bereits als nicht-kovalentes Dimer vor und bindet gleichzeitig an zwei c-Kit Monomere, was zur Dimerisierung von c-Kit führt (Zhang 2000). Bei den meisten Rezeptortyrosinkinasen führt die Dimerisierung zur Transautophosphorylierung von Tyrosinresten im *activation loop* und damit zu einer Stabilisierung der enzymatisch aktiven Konformation (Huse 2002). Die Aktivierung von c-Kit und den Rezeptortyrosinkinasen der Klasse III hingegen ist im Detail komplexer. Im nicht-aktivierten Zustand hat die Juxtamembran von c-Kit eine autoinhibitorische Funktion und gilt als zusätzliches Modul, um die Kinase in ihrem enzymatisch inaktiven Zustand zu halten. Dabei bindet die Juxtamembran-Region zwischen dem N- und dem C-Lobus der Kinase und verhindert so sterisch die Ausdehnung des *activation loop* und damit die aktive Konformation. Der autoinhibierte *activation loop* faltet sich über den C-Lobus der Kinase zurück und bindet als Pseudosubstrat (Mol 2004). Die autoinhibitorische Konformation wird durch die Liganden-induzierte Dimerisierung aufgehoben, die eine Phosphorylierung in *trans* von zwei Tyrosinresten in der Juxtamembran (Tyr-568 und Tyr-570) bewirkt. Als Folge davon löst sich die Juxtamembran zwischen dem N- und C-Lobus heraus, sodass diese wieder frei beweglich sind und eine ausgedehnte aktive Konformation einnehmen können. Nach der initialen Phosphorylierung dieser Hauptautophosphorylierungsstellen verfügt c-Kit über Proteinkinase-Aktivität (Mol 2004, Blume-Jensen 1991). Es kommt zur *trans*-Autophosphorylierung von weiteren Tyrosinresten, die Andockstellen für Signalproteine mit *Src homology-2* (SH2) Domänen oder *phosphotyrosine-binding* (PTB) Domänen sind. Dabei werden in c-Kit vier Tyrosinreste in der Kinase-Domäne I (pTyr-703, pTyr-721, pTyr-730, pTyr-747) ein Tyrosinrest im *activation loop* (pTyr-823) und zwei C-terminale Stellen (pTyr-900 und pTyr-936) phosphoryliert (Roskoski 2005).

1.2.1 Signaltransduktion von c-Kit

Durch das Binden von Adapterproteinen und Enzymen an die spezifischen Phosphotyrosinreste hat c-Kit das Potential, zahlreiche Signaltransduktionswege zu kontrollieren (Roskoski 2005) (Abbildung 1). Einer dieser Signalwege ist der Apoptose kontrollierende *phosphatidylinositol-3-kinase* (PI3K)-Signalweg. Die Aktivierung des Signalweges durch c-Kit erfolgt über die Bindung der regulatorischen Untereinheit p85 von PI3K an die phosphorylierten Tyrosinreste (pTyr) pTyr-721 und pTyr-900 (Serve 1994; Lennartsson 2003). Die PI3K phosphoryliert *Phosphatidylinositol-4,5-Bisphosphat* (PIP_2), sodass *Phosphatidylinositol-3,4,5-Trisphophat* (PIP_3) gebildet wird. Die Proteinkinase B (PKB, auch Akt genannt) bindet an PIP_3 und wird dadurch an die Zellmembran rekrutiert. Durch die *phosphoinositide dependent kinase 1* (PDK1) wird Akt phosphoryliert. Akt wiederum aktiviert Proteine der Bcl-Familie wie z.B. das proapoptotisch wirkende *Bad* oder das antiapoptotisch wirkende Bcl-2, sowie Forkhead Transkriptionsfaktoren, Proteasen die am Zelltod beteiligt sind und Inhibitoren der Cyclin-abhängigen Kinasen (CDKs). Die PI3K kann auch die kleine GTPase Rac1 und den *Jun N-terminal kinase* (JNK)-Signalweg aktivieren. Das Adapterprotein Crk2 bindet ebenfalls an pTyr-900 von c-Kit, jedoch nur in Assoziation mit p85 (Lennartsson 2003). Die Signaltransduktionskaskaden der *mitogen activated protein* (MAP)-Kinasen spielen eine wichtige Rolle bei der Kontrolle der Zellproliferation, der Zelldifferenzierung und der Apoptose. Adapterproteine binden an spezifischen phosho-Tyrosinstellen von c-Kit und aktivieren so die Signalkaskaden der MAP-Kinasen. Diese Adapterproteine sind *growth factor receptor bound protein 2* und *7* (Grb2/Grb7), die an pTyr-703 und pTyr-936 binden (Thömmes 1999) und *SH2 domain-containing transforming protein C1* (Shc) und *SH2 domain-containing phosphatase 2* (SHP2), die an pTyr-570 von c-Kit binden (Price 1996). Shc interagiert nach Aktivierung ebenfalls mit Grb2. Der Signalweg zur Aktivierung der MAP-Kinasen beginnt mit Grb2, welches konstitutiv mit SOS (*son of sevenless*) assoziiert ist. Grb2-SOS interagiert und aktiviert die GTPase Ras, die wiederum Raf-1 aktiviert. Raf-1 aktiviert letztendlich die MAP-Kinasen p38, Erk1/2 und Jnk1/2. Der JAK (*janus kinase*) -STAT (*signal transducer and activator of transcription*) Signalweg wird ebenfalls durch c-Kit kontrolliert und reguliert die Proliferation und Differentiation von Zellen. In der Literatur ist sowohl beschrieben, dass JAK2 konstitutiv an c-Kit gebunden ist und durch SCF-Stimulation lediglich phosphoryliert wird (Radosevic 1996), als auch, dass die SCF-Stimulation die Assoziation von JAK2 an c-Kit bewirkt (Brizzi 1994). Die Phosphorylierung von JAK2 führt wiederum zur Aktivierung der Transkriptionsfaktoren der STAT-Familie. Diese können in den Zellkern translozieren und so die Transkription kontrollieren. Im Weiteren wird der *Phospholipase Cγ (*PLCγ)-Signalweg durch Bindung von PLCγ an pTyr-730 in c-Kit aktiviert (Gommermann 2000). Die durch PLCγ vermittelte Signalweiterleitung wird mit einer Reihe von zellulären Funktionen, wie z.B. die Differenzierung, Zellteilung, Apoptose und Immunantwort in Verbindung gebracht. Das Adapterprotein a*daptor containing-PH and SH2 domain (*APS) bindet an pTyr-568 und pTyr-936 von c-Kit und bewirkt dessen Degradierung (Wollberg 2003). Src-Kinasen binden an pTyr-568 von c-Kit (Lennartsson 1999). Lyn, ein Mitglied der Src-Familie, reguliert negativ die Bindung der PI3K an c-Kit (Shivakrupa 2005). Die Signalweiterleitung von extrazellulären Signalen durch c-Kit und die Aktivierung von bestimmten Signalkaskaden, welche die Proliferation und Differenzierung regulieren, erfolgt selektiv durch die Phosphorylierung von spezifischen Phosphotyrosinresten innerhalb von c-Kit. Der Phosphorylierungsgrad und die Stellen der phosphorylierten Tyrosine in c-Kit könnten daher Hinweise auf die Aktivierung der Signalkaskaden geben. Bislang ist unklar, ob die mutierten, onkogenen c-Kit Proteine ein anderes Phosphorylierungsmuster aufweisen als c-Kit Wildtyp.

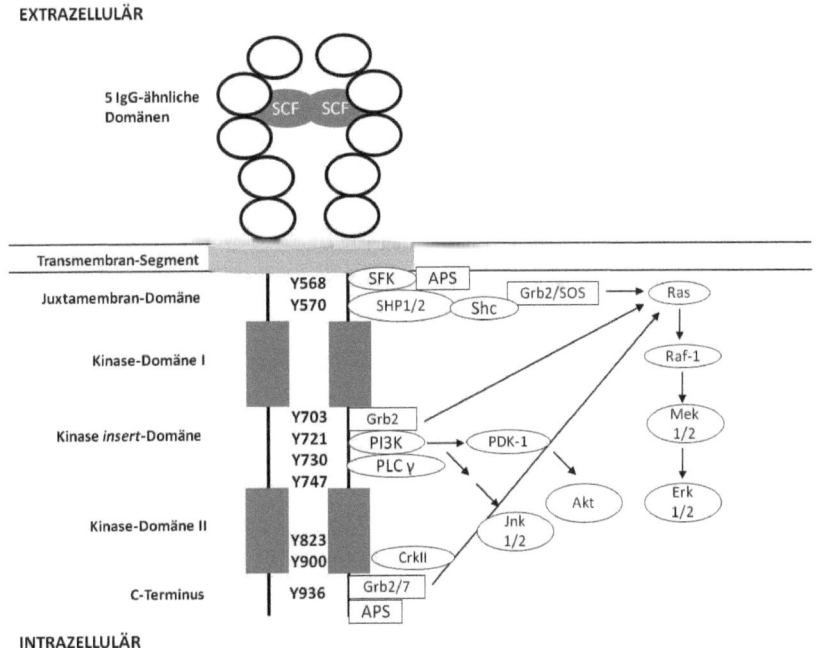

Abbildung 1: Signaltransduktionskaskaden von c-Kit, vermittelt durch spezifische Phoshphotyrosinreste (modifiziert nach Lennartson 2004)

Abkürzungen: SFK = *Src family kinases*, SCF = *Stem cell factor*

1.2.2 c-Kit als Onkogen

Abnormalitäten in der Expression und Funktion von c-Kit stehen in Verbindung mit humanen Krankheiten. Dabei treten Mutationen in c-Kit auf, die entweder zu einem Verlust der Funktion (*loss of function, LOF*) oder einer verstärkten/konstitutiven Funktion (*gain of function, GOF*) führen. Während *LOF*-Mutationen in c-Kit bislang nur bei einem sehr seltenen autosomal-dominant vererbten Syndrom, dem Piedalbismus, vorkommen (Spritz 1994), gelten *GOF*-Mutationen in c-Kit als molekulare Ursache für mehrere Erkrankungen. Dazu zählen die akute myelomische Leukämie (AML) (Ikea 1991), Mastozytose (Longley 1999) und Gastrointestinale Stromatumoren (GIST) (Hirota

1998); zusätzlich wurden c-Kit Mutationen auch in Melanomen gefunden. Derzeit sind mehr als 30 *GOF*-Mutationen in c-Kit bekannt, bei denen einzelne Aminosäuren ausgetauscht oder einzelne bzw. mehrere Aminosäuren deletiert sind. Die Mutationen häufen sich in zwei Regionen von c-Kit. Mutationen in der Juxtamembran-Region von c-Kit sind meist mit GIST assoziert, wohingegen Mutationen im zweiten Teil der c-Kit Kinase-Domäne vorwiegend bei Mastozytose und AML auftreten. Bei einer aktivierenden *GOF*-Mutation ist c-Kit unabhängig von der Stimulation des Liganden SCF konstitutiv aktiv und liegt dimerisiert vor. Man unterscheidet regulatorische und enzymatische Mutationen (Longley 2001). Mutationen in der Juxtamembran-Region sind regulatorischer Natur, da sie die Bindung von regulatorischen Proteinen stören, sodass die Kinase autophosphoryliert und aktiv bleibt. Enzymatisch regulierte c-Kit Mutanten haben eine veränderte Kinase-Domäne II, die den *activation loop* so stabilisiert, dass die Kinase dauerhaft aktiv ist (Mol 2003). Die beiden Mutationsklassen unterscheiden sich bezüglich ihrer Inhibitor-Sensitivitäten - so sind die Juxtamembran-Mutaten deutlich sensitiver für die Tyrosinkinase-Inhibitoren Imatinib und Sunitinib (Longley 2001).

1.3 Gastrointestinale Stromatumoren (GIST)

Gastrointestinale Stromatumoren (GIST) sind die häufigsten mesenchymalen Tumore im Verdauungstrakt. Sie zählen zur Gruppe der Weichteiltumore, der sogenannten Sarkome. Sarkome stellen nur etwa 1 % aller Tumore dar, dabei zählen GIST zu einer der größten Gruppen. GIST tritt, laut einer populationsbezogenen Studie, bei 14,5 Personen pro eine Million Einwohner auf. Am häufigsten werden GIST bei älteren Menschen beobachtet (Durchschnittsalter 60 Jahre) (Nilsson 2005). Die meisten GIST entstehen im Magen (60 %), im Illeum (30 %) oder Duodenum (5 %) (Liegl-Atzwanger 2010). GIST entstammen aus Kajalzellen (*interstitial cells of Cajal*, ICC) oder ihren Vorläuferzellen. Kajalzellen sind zwischen den beiden Muskelschichten des Gastrointestinaltrakts lokalisiert und an der Regulation der Darmperistaltik beteiligt. Ihre Entwicklung und Differenzierung wird durch die RTK c-Kit reguliert (Isozaki 1995; Isozaki 1997). GIST sind nicht nur durch die starke Expression von c-Kit charakterisiert, sondern auch durch eine Mutation in c-Kit, die in etwa 88 % als Tumor-Ursache gilt (Hirota 1998). Nur in 5-8 % aller GIST treten Mutationen im PDGFR alpha auf (Heinrich 2003). GIST-assoziierte c-Kit

Mutationen sind in verschiedenen Domänen von c-Kit zu finden, führen aber in jedem Fall zur Liganden-unabhängigen konstitutiven Aktivierung (1.2.2). 75-85 % der c-Kit Mutationen treten in der Juxtamembran-Domäne in Exon 11 auf und beeinträchtigen die autoinhibitorische Funktion von c-Kit. Dabei häufen sich die Mutationen in einem sehr kurzen Bereich, zwischen den Aminosäuren 556 und 560 (Zheng 2007). Mutationen in der Juxtamembran können sowohl als Aminosäuren-Deletion und -Insertion, als auch in Form eines Aminosäuren-Austausches auftreten. Mutationen im extrazellulären Bereich (Exon 9) treten zu 5-13 % in Form einer Aminosäuren-Insertion auf und beeinflussen die Bindung des Liganden an c-Kit. In der Kinase-Domäne I (Exon 13) treten c-Kit Mutationen nur bei 1-4 % der GIST in Form eines Aminosäuren-Austausches auf und beeinflussen die Funktionalität der ATP-Bindetasche. In der Kinase-Domäne II (Exon 17) sind Mutationen ebenfalls nur bei 1-4 % in Form eines Aminosäuren-Austausches zu finden. Diese Mutationen befinden sich im *activation loop* von c-Kit und beeinflussen damit die Phosphotransferase. Unabhängig von der Lokalisation der Mutation führt diese zur konstitutiven, Liganden-unabhängigen Aktivierung von c-Kit. Trotzdem führen die Mutationen, abhängig von ihrer Lokalisation, zur differentiellen Aktivierung von stromabwärts liegenden Signalkaskaden (Duensing 2004). Des Weiteren korreliert der Genotyp der c-Kit Mutation mit dem therapeutischen Ergebnis bei der Behandlung von GIST.

1.3.1 Primäre Therapie bei GIST

Bis zum Jahre 2000 bestand die einzige Möglichkeit zur Behandlung von GIST in der radikalen chirurgischen Resektion. Chemotherapeutische Behandlung ist bei GIST im Gegensatz zu den meisten anderen Weichgewebssarkomen nicht wirksam. Die Entdeckung, dass der Tyrosinkinaseinhibitor Imatinib mesylate (STI571, Gleevec®; Novartis Pharma) neben der Tyrosinkinaseaktivität des normalen c-Abl Genproduktes, des onkogenen Bcr-Abl Fusionsproteins und des PDGF-Rezeptors auch c-Kit hemmt, führte zum Konzept einer gezielten Therapie der GIST mit Imatinib (Druker 1996, Heinrich 2000, Tuveson 2001, Dagher 2002). Imatinib ist ein 2-Phenylpyrimidinderivat, welches kompetitiv zu ATP in die ATP-Bindetasche von c-Kit bindet und somit den Transfer der Phosphatgruppe von ATP auf ein Substrat inhibiert. Imatinib kann nur an die inaktive Form von c-Kit binden (Mol 2004). Dies setzt voraus, dass sich auch onkogenes, aktiviertes c-Kit in einem Gleichgewicht zwischen aktiver und inaktiver Konformation befindet, welches lediglich zur Seite der aktiven Form verschoben ist. Die Inhibierung von c-Kit führt zur raschen Inhibierung von stromabwärts liegenden Signalwegen, im Besonderen dem PI3K-Akt und dem MAP-Kinasen-Signalweg.

Zunächst wurde Imatinib zur Behandlung der chronischen myeloischen Leukämie (CML) eingesetzt. Die Imatinib-Behandlung führt bei 90 % der CML-Patienten zu einem kompletten Ansprechen. Seit 2002 wird Imatinib klinisch auch zur Behandlung von GIST angewendet und gilt bis heute als das Standardmedikament zur Behandlung von metastasierten GIST. Die Behandlung der GIST mit Imatinib ist deutlich weniger erfolgreich, als die Behandlung von CML. Dennoch führt die Behandlung bei 65-70 % der GIST Patienten zu einer partiellen Remission und bei 15-20 % zu einer Stabilisierung des Tumors. In nur 5 % kann ein komplettes Ansprechen auf Imatinib gesehen werden (Lopes 2009). Primäre Resistenz, also ein Tumorwachstum innerhalb der ersten sechs Monate der Imatinib-Behandlung, tritt in etwa 10-20 % der GIST auf. Dabei handelt es sich um c-Kit oder PDGFRA Wildtyp, c-Kit Exon 9 oder PDGFRA D842V Mutationen (Demetri 2007). Das Auftreten einer sekundären Resistenz gegen Imatinib kommt bei 80 % der GIST Behandlungen mit Imatinib vor und stellt ein deutlich größeres Problem dar. Die durchschnittliche Wirkdauer von Imatinib beträgt nur zwei Jahre (Verweij 2004). Maßgebend für die Dauer der erfolgreichen Imatinib-Behandlung ist die Lokalisation der c-Kit Mutation im primären GIST. So sprechen GIST mit c-Kit Exon 11 Mutationen besser auf Imatinib an und zeigen eine längere progressionsfreie Überlebenszeit als c-Kit Mutationen in Exon 9 (Heinrich 2003). Die Wirkdauer von Imatinib auf GIST mit einer Mutation in der Kinase-Domäne I (Exon 13) oder Wildtyp c-Kit ist jedoch deutlich geringer als bei Exon 9 mutierten GIST. Mutationen in der Kinase-Domäne II von c-Kit (Exon 17) sprechen nicht auf Imatinib an, da die Mutation in der Kinase-Domäne mit der Imatinib-Bindung interferiert (vgl. Resistenzmutation). GIST mit c-Kit Wildtyp ist nicht so stark von der c-Kit Aktivierung abhängig, womit die schwächere Imatinib-Antwort zu begründen wäre. Der Mechanismus für die unterschiedliche Inhibitor-Aktivität gegen c-Kit Exon 9 Mutanten ist noch nicht aufgeklärt (Duensing 2010).

Imatinib-Resistenz

Die sekundäre Imatinib-Resistenz ist in den meisten Fällen auf eine sekundäre, erworbene Mutation in c-Kit zurückzuführen. Sehr selten werden andere Mechanismen, wie die genomische Amplifikation von c-Kit/PDGFRA oder die Aktivierung von alternativen Onkogenen in Betracht gezogen (Debiec-Rychter 2005). Sekundäre Mutationen treten nicht willkürlich verteilt auf, sondern sind einzelne Nukleotidaustausche, die entweder die ATP-Bindetasche (Exon 13 und 14) oder den *activation loop* (Exon 17 und 18) von c-Kit betreffen. Sekundäre Mutationen wurden auch in der Kinase-Domäne II von PDGFRA nachgewiesen. Verschiedene Studien haben ergeben, dass bei 44-67 % der GIST eine sekundäre Mutation nach Imatinib-Progression gefunden werden kann (Liegl-Atzwanger 2010). Der zugrunde liegende Mechanismus der Imatinib-Resistenz variiert zwischen den beiden Regionen in denen die sekundären Kinase-Mutationen auftreten. Sekundäre Mutationen in der ATP-Bindetasche inhibieren direkt die Bindung von Imatinib, Mutationen im *activation loop* hingegen stabilisieren die aktive Konformation von c-Kit und verhindern so die für Imatinib-Bindung notwendige inaktive Konformation (Gramza 2009). Die Behandlung von Imatinib-resistenten GIST ist bislang problematisch. Es sind zwar zahlreiche Tyrosinkinase-Inhibitoren auf dem Markt verfügbar oder in klinischen Testphasen, jedoch zeigen auch diese nur mäßigen Erfolg. Darüber hinaus ist das Ansprechen der Substanzen stark vom Genotyp der c-Kit Mutation abhängig.

1.3.2 Zweitlinientherapie bei GIST

15 % der GIST-Patienten sind Imatinib-intolerant und mehr als 80 % der Patienten entwickeln eine Imatinib-Resistenz, deshalb besteht weiterhin Handlungsbedarf. Sunitinib malate (Sutent, SU11248) gilt seit 2006 als das Medikament erster Wahl bei Imatinib-progredienten und -intoleranten GIST. Sunitinib ist ein Multikinase-Inhibitor der neben c-Kit auch die PDGF-Rezeptoren, VDGF-Rezeptoren 1-3, FLT3 und RET inhibiert (Faivre 2006). Eine Erfolgsrate von 65 % konnte in einer Placebo-kontrollierten klinischen Studie nachgewiesen werden (Demetri 2006). Analog zur Behandlung mit Imatinib, hat der Tumor-Genotyp einen signifikanten Einfluss auf die Sunitinib-Aktivität. GIST-Patienten mit Wildtyp c-Kit oder Exon 9 Mutation sprechen besser auf Sunitinib an, als

Patienten mit Exon 11 Mutationen (Gajiwala 2009). Für Imatinib-Resistenz Mutationen in der ATP-Bindetasche von c-Kit ist Sunitinib ebenfalls wirksam, da diese Mutation lediglich die Bindung von Imatinib beeinflusst (Gramza 2009). Mutationen innerhalb des *activation loop* können mit Sunitinib jedoch ebenfalls nicht therapiert werden, da auch Sunitinib nur an die inaktive Form von c-Kit bindet (Gajwala 2009). Der Bedarf an neuen Therapieansätzen in der GIST-Behandlung ist offensichtlich. Neue Ansätze zielen darauf ab, die primäre Therapie effektiver zu machen und entweder eine Resistenz zu vermeiden, oder Behandlungsmöglichkeiten für Inhibitor-Resistenzen zu entwickeln. Ein Ansatz ist die Verwendung von verbesserten kompetitiven ATP-Inhibitoren, die eine höhere Bindungsaffinität und ein günstigeres Aktivitätsspektrum haben. Zahlreiche neue Inhibitoren wurden bislang entwickelt oder sind bereits in klinischen Testphasen. Die prominentesten bei der GIST-Behandlung sind Nilotinib (Tasigna, Novartis), Sorafenib (Nexavar, Bayer) und Desatinib (Sprycel, Bistrol-Myers Squibb). Nilotinib befindet sich für GIST in der klinischen Testphase c und ist bereits von der *Food and Drug Administration* (FDA) für Imatinib-resistente Bcr-Abl positive CML zugelassen. Sorafenib befindet sich für die Behandlung von GIST in der klinischen Testphase II. *In vitro* Studien zeigten bereits eine Aktivität gegen eine bislang nicht zu inhibierende c-Kit-Mutation (T670I) (Guo 2007). Desatinib wird hauptsächlich als Src/Abl-Inhibitor vermarktet und ist von der FDA für Imatinib-resistente CML/AML zugelassen. *In vitro* konnte eine Inhibierung von c-Kit D816V bereits gezeigt werden (Shah 2006). Ein weiterer Ansatz ist es, Zielmoleküle außerhalb von c-Kit oder PDGFRA zu inhibieren, die unabhängig vom c-Kit Genotyp wirken. Dabei sind stromabwärts liegende Signalproteine, die die Proliferation und das Überleben der GIST-Zellen regulieren, potentielle Zielmoleküle. Der PI3K/Akt/mTOR Signalweg spielt diesbezüglich die kritischste Rolle (Bauer 2007). Eine Reihe von Komponenten zur Inhibierung dieses Signalweges sind derzeit in klinischen Testphasen (PI3K-Inhibitoren; Akt-Inhibitoren; mTOR-Inhibitoren). Die Unterdrückung der c-Kit Expression auf transkriptioneller Ebene stellt einen weiteren Ansatz dar. In diesem Kontext zeigte der Transkriptionsinhibitor *Flavopiridol* in GIST-Zellen bereits Erfolge durch Reduktion von antiapoptotischen Proteinen (Sambol 2006). Ein quadruplex-DNA bindendes Molekül, welches die c-Kit Promotorregion bindet, zeigte ebenfalls klinische Erfolge (Gunaratnam 2009). Histondeacetylase-Inhibitoren (HDACI) gelten als eine vielversprechende neue Klasse bei der Krebstherapie. Eine Acetylierung von Lysinresten in Histonen führt zur Entspannung der Chromatinstruktur und begünstigt die Transkription (Marks 2001). HDACIs zeigen eine selektive Wirkung auf Tumor-hemmende oder Zellzyklus-inhibierende Gene. Zusätzlich sind Nichthistonproteine, die eine Schlüsselrolle in der Onkogenese und der Krebsentwicklung spielen, ebenfalls Zielmoleküle für Acetylierung und Deacetylierung; dazu zählt beispielsweise Hsp90 und p53 (Kovacs 2005; Bali 2005). HDACIs führen zur Hyperacetylierung von Hsp90, wodurch die Bindungsaffinität an Klienten und Kochaperone herunter gesetzt wird (Murphy 2005, Scroggins 2007). Onkogene Proteine, wie c-Kit Mutanten sind auf die Chaperonfunktion von Hsp90 dauerhaft angewiesen. Der HDACI SAHA (Suberoyl-hydroxamsäure) führte zur Induktion von Apoptose in c-Kit positiven GIST-Zelllinien (Mühlenberg 2009). Ferner gelten Hsp90 und dessen Cochaperone aufgrund ihrer stabilisierenden Funktion für onkogene Proteine generell als molekulare Zielmoleküle zur Behandlung von Krebs. Auch bei der Behandlung von Imatinib-restistenten GISTs stellen Hsp90 Inhibitoren eine aussichtreiche Option dar.

1.4 Das Chaperonsystem

1.4.1 Das *heat shock protein* 90 (Hsp90)

Heat shock proteins (Hsp) sind molekulare Chaperone, deren grundlegendes Paradigma ist, selektiv nicht-native unperfekt gefaltete Proteine zu erkennen, zu binden und mit ihnen relativ stabile Komplexe einzugehen, jedoch nicht mit nativen Proteinen (Ellis 1996). Chaperone sind notwendig für eine Reihe essentieller Zellfunktionen, dazu zählen die *de novo* Faltung von aufkeimenden Proteinen und die Verhinderung der Protein-Aggregation, die Translokation der Proteine durch die Membran, sowie die Qualitätskontrolle im Endoplasmatischen Retikulum (Wiech 1992). Hsp90 ist das 90 kDa Mitglied in der Familie der Chaperone und tritt in der α- und β-Isoform auf: Hsp90α ist induzierbar und überexprimiert in Krebszellen, wohingegen Hsp90β die konstitutive Form darstellt. Hsp90 ist hoch abundant und stellt auch im nicht-gestressten gesunden Zellzustand etwa 1-2 % aller Proteine in der Zelle dar; unter Stress verdoppelt sich die Menge (Wiech 1992). Mehr als 280 Klientenproteine von Hsp90 sind bekannt; sie decken fast alle Bereiche der zellulären Prozesse ab. Zu den Klientenproteinen zählen transmembrane Tyrosinkinasen, Zellzyklusregulatoren und Steroidrezeptoren aber auch mutierte Signalproteine, weshalb Hsp90 eine bedeutende Rolle bei Krebs zukommt (Kamal 2004; Pearl 2008). Dabei stabilisiert und aktiviert Hsp90 die fehlgefalteten Proteine und schützt sie vor proteasomaler Degradierung, weshalb es als Zielmolekül bei der Krebstherapie gilt (Whitesell 2005; Workman 2007) (1.4.4).

Hsp90 kommt in Säugerzellen als Homodimer vor; jedes Monomer besteht aus einer N-terminalen ATP-Bindedomäne, mit spezifischer ATP-Bindetasche, einer Mitteldomäne und einer dimerisierten C-terminalen Domäne. Die ATPase-Aktivität von Hsp90 spielt eine zentrale Rolle bei der Faltung von Proteinen im Chaperon-Zyklus (1.4.3). Dabei zirkuliert Hsp90 zwischen dem geöffneten ADP-gebundenen und dem geschlossenen ATP-gebundenen Zustand. Im geöffneten Zustand sind die beiden Hsp90 N-Termini voneinander getrennt und Klientenproteine können gebunden werden. Die Bindung von ATP führt zum Schließen der ATP-Bindetasche und bringt die beiden N-Termini so nahe aneinander, dass sich eine dimerisierte Hsp90 Ringstruktur bildet (Richter 2008; Terasawa 2005). Diese Konformationsänderung führt zu einer geschlossenen Form, die die Klientenproteine umschließt und ihnen so in eine stabilere Struktur aufprägt.

1.4.2 Das Cochaperon Cdc37

Cdc37 (*cell division cycle 37*) wurde ursprünglich in Hefe als essentielles Zellzyklus-Protein entdeckt und erwies sich später als Kinase-spezifisches Cochaperon von Hsp90 (Reed 1980; Pearl 2005). Cdc37 hat ein Molekulargewicht von 50 kDa und kommt als Dimer vor. In den meisten Fällen ist die Kinase ebenfalls mit Hsp90 assoziiert, es bleibt jedoch die Möglichkeit, dass Cdc37 auch unabhängig von Hsp90 mit der Kinase interagieren kann (Pearl 2005). Derzeit sind insgesamt 55 Klientenproteine für Cdc37 beschrieben, darunter onkogene Proteine. Eine Interaktion mit c-Kit wurde bislang nicht beschrieben, wurde aber im Rahmen dieser Untersuchung gefunden. Cdc37 spielt eine wichtige Rolle im Chaperon-Zyklus bei der Beladung der Klientenkinase mit Hsp90 (vgl. 1.4.3). Dabei fungiert es als Brücke zwischen Hsp90 und der Klientenkinase. Strukturell besteht Cdc37 aus einer N-terminalen Domäne, die für die Bindung der Proteinkinase essentiell ist, einer Mitteldomäne an der Hsp90 binden kann und einer C-terminalen Seite. Die N-terminale Seite weißt zusätzlich eine Phosphorylierungsstelle auf (Ser-13), die von *casein kinase 2* (CK2) phosphoryliert wird (Bandhakavi 2003). Die

Phosphorylierung von Ser13 ist essentiell für die Rekrutierung von Cdc37 zu den Hsp90-Klientenkinasen-Komplexen, zeigt jedoch nur geringe Effekte bei der Bindung von freiem Hsp90 (Shao 2003; Miyata 2003). Cdc37 bindet an ein bestimmtes Erkennungsmotif (GXFG) im *glycine loop* der Kinase (Terasawa 2006). Über die Mitteldomäne bindet Cdc37 an die N-terminale ATP-Bindetasche, inhibiert so die ATPase-Aktivität und verhindert die N-terminale Dimerisierung von Hsp90. Hsp90 verweilt im geöffnetem Zustand, was Voraussetzung für die Klientenbeladung ist (Siligardi 2002, Roe 2004). Die Rolle von Cdc37 als „unübliches Onkoprotein" wird in Abschnitt 1.4.4 beschrieben.

1.4.3 Der Chaperon-Zyklus von Kinasen und die Wirkung von Hsp90 Inhibitoren

Die ATPase-Aktivität von Hsp90 ist reguliert durch das geordnete, dynamische Zusammenspiel mit Cochaperonen im sogenannten Chaperon-Zyklus (Abbildung 2). Dabei bilden sich Multi-Proteinkomplexe aus, die mit der konformations-abhängigen ATPase-Aktivität von Hsp90 gekoppelt sind (Smith 1990; Kosano 1998). Die ATPase-Aktivität von Hsp90 selbst treibt den Chaperon-Zyklus an (Kamal 2004). Zunächst bildet die neu synthetisierte oder fehlgefaltete Kinase den frühen Komplex aus, indem sie mit Hsp40 und Hsp70 interagiert, wodurch die Aggregation verhindert wird (Arlander 2006). In diesem Stadium kann Cdc37 bereits schwach an die Kinase binden (Caplan 2006). Durch Bindung weiterer Cochaperone an den frühen Komplex entsteht der intermediäre Komplex. Die Zusammensetzung der Cochaperone ist klientenabhängig; bei Komplexen mit Kinasen bindet oft das *Hsp organising protein* (Hop) und eventuell Hip und Cdc37. Cdc37 ist an der Klientenbeladung von Hsp90 beteiligt, indem es Hsp90 in geöffneten Zustand hält (1.4.2). Der reife Komplex entsteht durch die Bindung von ATP an Hsp90 und der Hydrolyse von Hsp40, Hsp70 und Hop. Cdc37 kann auch erst an diesen reifen Komplex binden und dann als Katalysator für die konformationelle Reifung der Hsp90-Klientenproteine fungieren, wobei auch p23 oder Immunophilline beteiligt sein können (Kamal 2004). Der reife Komplex, kann abhängig von der Stabilität der Kinase weiterhin bestehen bleiben (1.4.4). Hsp90 Inhibitoren binden an den intermediären Komplex in die konservierte N-terminale ATP-Bindetasche von Hsp90 und verhindern die Bindung von ATP, sowie die Hsp90- abhängige Chaperonaktivität und die Reifung des intermediären Komplexes (Whitesell 1994; Prodromou 1997; Stebbins 1997; Obermann 1998; Miller

1994; Mimnaugh 1996). In Folge dessen wird die Klientenkinase durch eine E3-Ubiquitin-Ligase ubiquitinyliert und zum Proteasom transportiert, wo sie degradiert (Abbildung 2).

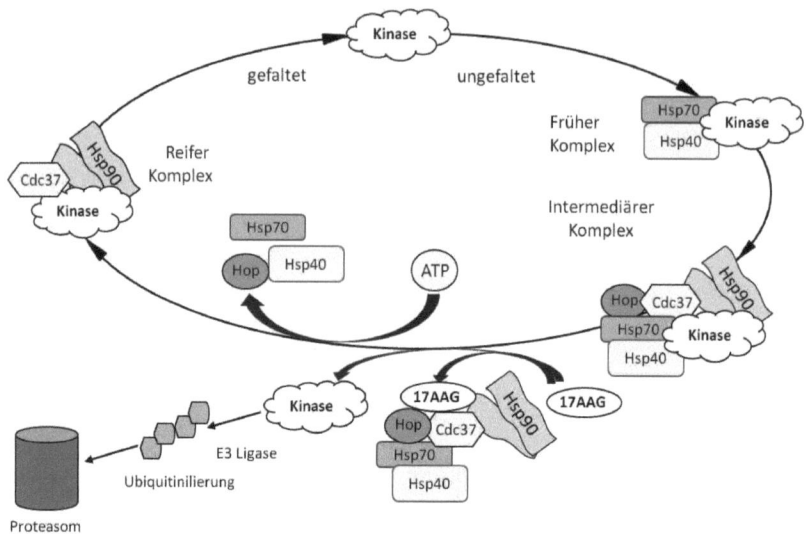

Abbildung 2: Chaperon-Zyklus von Kinasen (modifiziert nach Kamal 2004, Caplan 2007)

Eine neu-synthetisierte oder fehlgefaltete Kinase interagiert zunächst mit Hsp40 und Hsp70 und bildet damit den frühen Komplex aus, was die Aggregation verhindert. Zur Bildung des intermediären Komplexes, werden zusätzlich Hsp90, Hop und Cdc37 zum Chaperon-Komplex rekrutiert. Durch ATP-Bindung und Hydrolyse entsteht der reife Komplex. 17AAG bindet an die ATP-Bindetasche von Hsp90 und verhindert die Reifung des intermediären Komplexes. Die Klientenkinase wird beispielsweise durch die E3-Ubiquitin-Ligase, ubiquitiniliert und zum Proteasom transportiert, wo sie degradiert.

1.4.4 Hsp90 und Cdc37 als Zielmoleküle bei der Krebsbehandlung

Hsp90 gilt als Vermittler der Onkogenese, da es eine Reihe von überexprimierten oder mutierten Proteinen stabilisiert und ihnen damit ihren karzinogenen Einfluss ermöglicht (Pearl 2005; Calderwood 2006). Die Stabilität des N-Lobes der Kinase entscheidet darüber, ob sie eine permanente Stabilisierung durch Hsp90 und auch Cdc37 benötigt oder nicht (Caplan 2007). Die onkogenen Proteine p53, Met, B-Raf, Akt und c-Kit beispielsweise werden dauerhaft durch Hsp90 und eventuell durch Cdc37 stabilisiert (Gray 2008). Hsp90 Inhibitoren binden mit höherer Affinität als die natürlichen

Nukleotide an Hsp90 und verhindern dessen Zirkulation zwischen seinem ADP- und ATP-gebundenem Zustand. Derzeit gibt es zahlreiche Hsp90 Inhibitoren, wie Geldanamyzin und dessen Derivate 17AAG (*17 Allylamino-17-Desmethoxygeldanamycin*), 17DMAG (*17-Dimethylaminoethylamino-17-demethoxy-geldanamycin*) und IPI-504 (*17-Allylamino-17-demethoxygeldanamycin-hydrochinon-hydochlorid*). Hsp90 ist hoch abundant in jeder Zelle und hat zahlreiche essentielle Funktionen. Der Inhibitor muss selektiv auf Krebszellen wirken und darf normale Zellen nicht beeinflussen. Diese Selektivität ist gegeben, da Hsp90 Inhibitoren eine 100-fach höhere Affinität für Hsp90 in Krebszellen haben, als für Hsp90 aus normalen Zellen. Hsp90 in Tumorzellen liegt komplexiert mit dem Klienten im Multi-Chaperon-Komplex vor, dieser hat eine erhöhte ATPase-Aktivität. In normalen Zellen jedoch liegt Hsp90 unkomplexiert vor mit geringerer ATPase-Aktivität (Kamal 2003) (Abbildung 3). *In vitro* Studien bestätigten die selektive Wirkung der Hsp90 Inhibitoren auf mutierte Proteine. Beispielsweise zeigten die Wildtyp-Proteine B-Raf, EGFR und c-Kit in Zelllinien kaum Degradierung bei Behandlung mit Hsp90 Inhibitor, im Gegensatz zu mutierten Proteinen (Grbovic 2006; Sawai 2008; Bauer 2006). Darüber hinaus ergaben sich mutationsspezifische Antworten auf den Hsp90 Inhibitor, die auf die Lokalisation der Mutationen zurückzuführen waren. So ergaben sich bei Mutanten der Kinase B-Raf differentielle Sensitivitäten für Geldanamycin, die wiederum mit den Bindungsaffinitäten von Hsp90 an die Klientenkinase korrelierten (Da Rocha Dias 2005; Kamal 2003). Ursächlich für die differentiellen Inhibitor-Sensitivitäten und damit auch für die Bindung der Chaperone an die Kinase ist nicht der Aktivitätsstatus (Phosphorylierungsgrad) der Kinase, sondern vielmehr die strukturelle Instabilität in der katalytischen Domäne der Kinase. Die Kinase kann dabei sowohl im aktiven als auch im inaktiven Zustand instabil oder stabil sein (Da Rocha Dias 2005; Caplan 2007).

Das Cochaperon Cdc37 gilt neben Hsp90 als geeignetes molekulares Zielmolekül bei der Behandlung von Krebs. Cdc37 ist in proliferierenden Geweben stark überexprimiert und gilt als unübliches Onkoprotein, da es nicht direkt in onkogene Signalwege eingreift. Neben der bereits beschriebenen Rolle bei der Klientenbeladung von Hsp90 ist es ebenfalls an der Stabilisierung von mutierten und/oder überexprimierten onkogenen Kinasen beteiligt (Abbildung 3). Cdc37 wurde bislang noch kaum als Zielmolekül berücksichtigt (Roe 2004; Kamal 2003). *In vitro* Experimente, in denen Cdc37 mittels siRNA (*small interfering RNA*) in humanen Darmkrebszellen ausgeschaltet wurde, zeigten eine verstärkte proteasomal-vermittelte Degradierung von Klientenkinasen (Smith 2009). Es gibt derzeit nur wenige Cdc37 Inhibitoren, einer davon ist das pflanzliche Triterpen „Celastrol". Anders als Hsp90 Inhibitoren unterbricht Celastrol den Cdc37-Hsp90-Komplex und inhibiert die ATPase-Aktivität von Hsp90 ohne die ATP-Bindung zu blockieren (Zhang 2009; Sreeramulu 2009). Dabei inhibiert Celastrol die Reifung und Aktivität der Kinase, bewirkt jedoch keine Degradierung des Klienten (Gray 2008). In Krebszelllinien wurde durch die Inhibierung der Hsp90-Cdc37-Interaktion mit Celastrol Apoptose induziert. Im Xenograft-Modell konnte das Tumorwachstum reduziert werden (Zhang 2008). Cdc37 gilt auch als geeigneteres Zielmolekül zur Inhibierung des Chaperonkomplexes: Zum einen, weil Cdc37 im Gegensatz zu Hsp90 nicht essentiell für das intrazelluläre Überleben seiner Klienten ist und zum anderen, weil Cdc37 nur mit einer Untergruppe der Hsp90-Klientenproteine interagiert (Gray 2008). Des Weiteren bewirkt das Ausschalten von Cdc37 keine Induktion von Hsp70, was aber bei Hsp90 Inhibitoren auftritt (Smith 2008). Eine weitere Möglichkeit könnte eine Kombinationstherapie durch ein kombiniertes Ausschalten von Cdc37 und Hsp90 sein (Smith 2008).

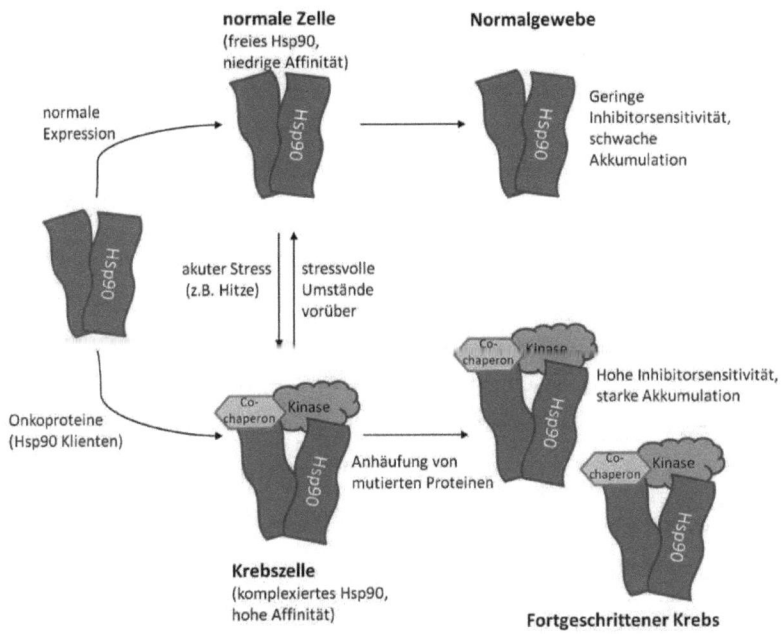

Abbildung 3: Modell zur Tumorselektivität von Hsp90 Inhibitoren (modifiziert nach Kamal 2004)

In normalen Zellen liegt Hsp90 unkomplexiert vor und hat eine geringe Affinität zu Hsp90 Inhibitoren. In Normalgewebe akkumuliert Hsp90 nur sehr schwach, weshalb die Inhibitor- Sensitivität dort ebenfalls gering ist. In Krebszellen ist Hsp90 an der aktiven Stabilisierung der überexprimierten Onkoproteine beteiligt und tritt zusammen mit den Cochaperonen (wie z.B. Cdc37 und/ oder Hop) in komplexierter Form auf. Komplexiertes Hsp90 in Krebszellen zeigt eine hohe Bindungsaffinität zu Hsp90 Inhibitoren. Hsp90 akkumuliert in Tumorgewebe wobei Tumorzellen wiederum sehr sensitiv gegenüber Hsp90 Inhibitoren sind.

1.5 Inhibierung des Hsp90/Cdc37 Chaperonsystems zur Behandlung von GIST

Die Inhibierung von Cdc37 bei der Behandlung von GIST wurde bislang noch nicht untersucht, da die Interaktion mit c-Kit im Rahmen dieser Arbeit erstmals identifiziert wurde. Zu den Hsp90 Klientenproteine zählen zahlreiche Protoonkogene, weshalb die Hsp90 Inhibierung für die Behandlung verschiedener Krebserkrankungen von hohem

Interesse ist. 1999 kam der erste Hsp90 Inhibitor 17AAG in die klinische Testphase. Die ersten zwölf klinischen Studien mit 17AAG an mehr als 300 Krebspatienten führten zu keiner einzigen klinischen Remission, auch wenn vorklinische Studien dessen inhibitorische Wirkung zeigten. Die Diskrepanz zwischen den *in vitro* Experimenten und den klinischen Studien ist auf die schlechte Wasserlöslichkeit von 17AAG zurückzuführen. Physiologische Barrieren im Gewebe konnten nicht überwunden werden. Die Entwicklung von wasserlöslicheren Hsp90 Inhibitoren, wie z.B. 17DMAG oder IPI-504 führten zu erfolgreicheren klinischen Studien. Bis zum heutigen Zeitpunkt wurden 40 klinische Studien mit verschiedenen Hsp90 Inhibitoren durchgeführt und abgeschlossen (Banerji 2005; Li 2009). Aktuell laufen mehr als 25 klinische Studien mit 14 verschiedenen Hsp90 Inhibitoren (Kim 2009). Nachfolgend werden die Untersuchungen bezüglich c-Kit und GIST betrachtet.

17AAG zeigte inhibitorische Wirkungen in GIST-Zelllinien mit Imatinib-resistenter und Imatinib-sensitiver c-Kit Mutation, jedoch nicht in GIST-Zelllinien mit Wildtyp c-Kit. Die Inhibierung führte zur Reduktion von phosphoryliertem c-Kit und der c-Kit Expression per se, sowie zur Hemmung der Zellproliferation (Bauer 2006). Der Hsp90 Inhibitor STA-9090 (Syntax, Pharmaceuticals Corp.) unterscheidet sich strukturell von den Geldanamyzinderivaten und zeigte inhibitorische Aktivität in Mastzelllinien, die c-Kit Wildtyp oder mutiertes c-Kit exprimieren (Lin 2008). Auch GIST-Zelllinien und Imatinib-resistente Tumore mit c-Kit Mutation waren STA-9090 sensitiv (5-15-fach höher im Vergleich zu 17AAG) (Poster Fletcher 2009). Der Hsp90 Inhibitor IPI-504 ist die chemisch modifizierte, wasserlösliche Form von 17AAG. Den klinischen Studien von IPI-504 vorangegangen war das sog. *„proof of concept"*, welches gezeigt hatte, dass Hsp90 als „Regulator" von c-Kit in GIST-Zellen fungiert (Demetri 2007). 2008 begann die erste Phase der klinischen Studie mit progredienten GIST Patienten. Diese Patienten wurden im Durchschnitt bereits mit 2,7 verschiedenen Kinase-Inhibitoren, wie Imatinib (100 %), Sunitinib (93 %) und Nilotinib (20 %) behandelt. IPI-504 führte bei 70 % der GIST-Patienten zur Stabilisierung des Tumors (*disease control*). Die Behandlung wurde in den klinischen Phasen I und II im Allgemeinen gut toleriert. In den meisten Fällen war die Toxizität sehr gering (Grad 1 oder 2), nur sehr wenige Patienten zeigten mäßige oder schwere Nebenwirkungen (Grad 3 oder 4) (Infinity, Pharmaceuticals; GISTsupport.org).

Daraufhin wurde 2009 die Phase III der klinischen Entwicklung, auch *RING trail* genannt, durchgeführt. Mehr als 250 Patienten mit progredienten GIST nahmen an dieser randomisierten und Placebo-kontrollierten Studie teil. Unerwarteterweise waren die Nebenwirkungen von IPI-504 stark. Der Tod von vier GIST-Patienten war auf die Toxizität von IPI-504 zurückzuführen, was zum vorzeitigen Abbruch der Studie führte. Ursächlich am Tod der Patienten waren Leber- und Nierenversagen, metabolische Azidose und Herzstillstand. Die hohe Toxizität von IPI-504 hinterließ viele offene Fragen. Möglicherweise ist die hohe Toxizität unvermeidlich in einer Untergruppe von GIST Patienten, im Besonderen bei Patienten die bereits zuvor sehr intensiv mit anderen Inhibitoren behandelt wurden und sich deshalb in einem weniger stabilen Zustand befinden. Es ist auch denkbar, dass die im *RING trail* gesehene Toxizität nicht auf die Hsp90 Inhibierung per se zurückzuführen ist, was mit dem Einsatz einer anderen Hsp90 Inhibitorklasse umgangen werden könnte. Im Weiteren korrelierte der Schweregrad der Nebenwirkungen mit der Dosis von IPI-504. Demzufolge ist eine optimale Inhibitor Dosierung für die Behandlung von GIST notwendig (GISTsupport.org). Derzeit werden klinische Studien mit dem Hsp90 Inhibitoren BIIB02 (Biogen-Idec) und STA-9090 (Synta Pharmaceuticals Corp) mit GIST durchgeführt. Die klinische Testphase II wurde mit dem synthetischen Hsp90 Inhibitor BIIB02 (Biogen-Idec) aktuell abgeschlossen. Die Firma Biogen Idec hat bislang keine Ergebnisse veröffentlicht (Lin 2008, Firma Biogen Idec). Der Inhibitor STA-9090 wird momentan in elf klinischen Studien getestet, für GIST ist er aktuell in der klinischen Phase II, Ergebnisse sind noch nicht publiziert.

Obwohl auch 10 Jahre nach dem Eintritt des ersten Hsp90 Inhibitors in klinische Studien bislang noch kein Hsp90 Inhibitor zugelassen wurden, gibt es erhebliche Fortschritte auf verschiedenen Ebenen und potentielle Wege die eine Genehmigung greifbar machen (Kim 2009). Dabei sind die Krankheits-spezifischen klinischen Studien von großer Bedeutung, da die verschiedenen Hsp90 Klienten unterschiedliche Antworten auf Hsp90 Inhibitoren zeigen und deshalb einer differentiellen Inhibitor-Behandlung und Dosis bedürfen (Sawai 2008; Biamonte 2010). Wie bereits in Abschnitt 1.4.4 beschrieben, zeigen auch die verschiedenen Mutanten eines Klientenproteins differentielle Inhibitor-Sensitivitäten. Um die einzelnen Vulnerabilitäten von Tumorzellen auf die Hsp90 Monotherapie oder Kombinationstherapie abzustimmen, ist die individuelle molekulare

Charakterisierung, sowie das molekulare Verständnis von primären und rezidiven Tumoren sehr hilfreich (Kim 2009).

1.6 Expressions-entkoppelte Tandem-Affinitätsreinigung (u-TAP)

Die Tandem-Affinitätsreinigung (*Tandem Affinity Purification,* kurz: TAP) wurde 1999 für den Hefeorganismus entwickelt und erlaubt die Reinigung von Proteinkomplexen unter nativen Bedingungen (Rigaut 1999). Diese Methode ist bereits in vielfältiger Weise zur Identifizierung von Interaktionspartnern, in einigen Fällen sogar zur Identifizierung komplexer Signalwege, eingesetzt worden. Das zu untersuchende Protein ist N- oder C-terminal mit einem sogenannten TAP-tag versehen und wird als Fusionsprotein exprimiert. Mittlerweile gibt es verschiedene Varianten des TAP-tags, jedoch bestehen alle aus zwei verschiedenen Affinitätstags und einer mittelständigen proteolytischen Schnittstelle. Bei der TAP-Methode wird das TAP-fusionierte Protein, auch Köderprotein genannt, auf möglichst nativem Niveau exprimiert und aus dem Zelllysat zusammen mit seinen assoziierten Bindepartnern sequentiell über den TAP-tag aufgereinigt. Dabei wird es zunächst chromatographisch über den ersten Affinitäts-tag gereinigt und anschließend proteolytisch von diesem abgespalten. Nachfolgend wird das Protein über den zweiten Affinitäts-tag gereinigt und im Folgenden mit seinen gebundenen Interaktionspartnern eluiert. Die Analyse der Protein-Interaktionspartner erfolgt massenspektrometrisch nach vorheriger Auftrennung mittels SDS-PAGE und enzymatischem Verdau. Die Verknüpfung zweier aufeinander folgender Affinitätsschritte, sowie die proteolytische Spaltung bewirken eine sehr hohe Empfindlichkeit bei weitgehender Vermeidung falsch positiver Interaktionspartner (Rigaut 1999; Puig 2001). Die hohe Spezifität ermöglicht nicht nur die Identifizierung von bilateralen Interaktionen, sondern auch die Isolation von ganzen Proteinkomplexen. Auch biochemische Manipulationen sind möglich, z.B. durch extrazelluläre Stimulation der Zelle. Allerdings führt die Expression des Köderproteins häufig zu zellulären SOS-Antworten, was mit entsprechenden Störungen in Signalkaskaden einhergeht. Aus diesem Grund sollte das Expressionsniveau des Köderproteins möglichst auf physiologischem Niveau gehalten werden. Zwar gelang die Übertragung der TAP-Methode auf *E. coli* und eukaryotische Zelllinien oder Organismen, jedoch sind für die nötige Expression des Köderproteins auf physiologischem Niveau relativ große Zellmengen notwendig, um eine ausreichende Proteinmenge zur massenspektrometrischen Analyse zu erhalten (Cox 2002; Veraksa 2005; Angrand 2006).

Die expressions-entkoppelte Tandem-Affinitätsreinigung (*uncoupled* TAP, kurz: u-TAP) ist eine neu entwickelte TAP-Variante, die sich besonders für die Identifizierung von Protein-Protein Interaktionen in eukaryotischen Zellsystemen eignet, aber darüber hinaus weitere Vorteile bietet (Erlbruch 2010). Die u-TAP-Methode stellt eine Kombination aus dem klassischen Pull-down-Ansatz und der TAP-Methode dar. Dabei wird das TAP-fusionierte Köderprotein in einem vom zu untersuchenden Zellsystem getrennten System exprimiert und aufgereinigt. Nach dessen Aufreinigung wird das Köderprotein zum zu untersuchenden Material gegeben und die TAP-Methode wie oben beschrieben durchgeführt. Die u-TAP-Methode wurde bislang nur für Untereinheiten der cAMP-abhängigen Proteinkinase A (PKA) etabliert (Erlbruch 2010). In diesem Fall wurden die Köderproteine durch die spezifische Affinität von PKA zum Proteinkinaseinhibitor (PKI) (PKI(5-24)-Affinitätschromatographie) aufgereinigt (Girod 1996). Weitere Reinigungsmöglichkeiten des Köderproteins wären direkt über die IgG-Bindedomäne oder über einen zusätzlichen His-tag möglich. Durch die getrennte Aufreinigung des Köderproteins entsteht eine völlige Freiheit bei der Wahl des zu untersuchenden Systems. So können neben Zelllinien auch Gewebe und Organe (z.B. Tumore) untersucht werden. Das Köderprotein liegt, wie im klassischen TAP-Ansatz, in nativer Form vor, kann aber zusätzlich vollständig biochemisch charakterisiert und modifiziert (z.B. *in vitro* phosphoryliert) werden. Des Weiteren können parallele Analysen durchgeführt werden, die zum Beispiel einen direkten Vergleich zwischen einem mutierten Protein und dessen Wildtyp erlauben. Die SOS-Antwort, die im klassischen TAP-Ansatz bei Expression des Köderproteins häufig auftritt, fällt durch Entkopplung der Köderproteinexpression weg. Ein theoretischer Nachteil der u-TAP-Methode besteht darin, dass sich das Köderprotein nachträglich *in vitro* in die Proteinkomplexe integrieren muss. Mit dem u-TAP-Ansatz unter Verwendung von TAP-fusionierten PKA Untereinheiten, konnten zahlreiche bekannte Interaktionspartner, sowie binäre, tertiäre und quartäre Komplexe identifiziert werden. Zusätzlich konnte eine bisher unbekannte Interaktionen mit dem *cycle and apoptosis regulatory protein-1* (CARP) identifiziert und verifiziert werden. Der u-TAP-Ansatz erweitert die Anwendungsmöglichkeiten des *in vivo* TAP-Assay und stellt eine relativ einfache Strategie zur Identifizierung von Zell- und Gewebe-spezifischen Proteinkomplexen dar. Eine Übertragung der Methode auf weitere Proteine, wie z.B. Rezeptortyrosinkinasen, könnte der Aufklärung von Protein-Interaktionen und von Signaltransduktionswegen dienen.

1.7 Problemstellung und Zielsetzung dieser Arbeit

Eine Mutation in der Rezeptortyrosinkinase c-Kit ist typischerweise die molekulare Ursache für die Entstehung von Gastrointestinalen Stromatumoren (GIST), welche die häufigsten mesenchymalen Tumore im Verdauungstrakt darstellen. Der Tyrosinkinase-Inhibitor Imatinib gilt seit 2002 als das Standardmedikament zur Behandlung von metastasierten GIST und zeigt bei der großen Mehrheit der GIST-Patienten therapeutischen Erfolg. Problematisch bei der GIST-Behandlung mit Imatinib ist das Auftreten einer Imatinib-Resistenz, die oft auf eine sekundäre Mutation in c-Kit zurückzuführen ist. Die Zweitlinientherapie zur Behandlung von Imatinib-resistenten GIST ist trotz der Verfügbarkeit weiterer Inhibitoren nur mäßig erfolgreich, sodass es der Entwicklung neuer Strategien bedarf. Essentiell in diesem Zusammenhang sind das Verständnis der Protein-Interaktionsnetzwerke und die Identifizierung differentieller und mutationsspezifischer c-Kit Binderpartner.

Im Rahmen dieser Arbeit sollten Protein-Interaktionsstudien mit den klinisch relevantesten primären und Imatinib-resistenten, sekundären GIST-assoziierten c-Kit Mutanten und c-Kit Wildtyp durchgeführt werden. Die expressions-entkoppelte Tandem-Affinitätsreinigung (u-TAP) kombiniert mit massenspektrometrischer Analyse sollte dabei Einsatz finden. Bei dieser Form der TAP-Methode wird das Köderprotein getrennt vom zu untersuchenden Zellsystem aufgereinigt und kann somit vollständig charakterisiert werden. Ein besonderer Fokus bei der Charakterisierung sollte dabei auf dem Tyrosinphosphorylierungsmuster der mutierten c-Kit Proteine und des c-Kit Wildtyps liegen, da dieses einen wichtigen Einfluss auf die Bindung von Interaktionspartnern hat. Durch vergleichende Untersuchungen von c-Kit Wildtyp und GIST-assoziierten c-Kit Mutanten sollten bereits für die GIST-Therapie bekannte molekulare Zielmoleküle, wie z.B. Hsp90, besser charakterisiert und auf mutationsspezifische Eigenschaften hin untersucht werden. Das Ziel dabei war, zu einer individuelleren und gezielteren GIST-Therapie zu gelangen. Des Weiteren sollte der Einfluss bereits bekannter Inhibitoren auf das Interaktionsnetzwerk von c-Kit sowie die Abhängigkeit der Inhibitoren vom c-Kit Genotyp untersucht werden. Neben den bereits bekannten sollten auch potentielle neue Zielmoleküle für die GIST-Therapie identifiziert und verifiziert werden. Generell sollten bei diesen Untersuchungen c-Kit Genotyp-spezifische Bindungseigenschaften im Mittelpunkt stehen.

2 Material und Methoden

2.1 Materialien

2.1.1 Chemikalien und Verbrauchsmaterial

Die in dieser Arbeit verwendeten Chemikalien wurden – falls nichts anderes angegeben – von den gängigen Anbietern wie AppliChem, Eppendorff, Falcon, Greiner, Merck, Roth, Sigma-Aldrich, StarLab und TPP bezogen.

2.1.2 Vektoren und Plasmide

Tabelle 1: Plasmide und Vektoren

Bezeichnung	Gen/Referenznummer	Quelle
pRAV-Flag	TAP-tag	Xuidong Liu, Colorado, USA
pcDNA3.1(+)	Expressionsvektor	Invitrogen
c-Kit	NM_000222	OriGene
Hsp90	NM_007355.2	OriGene
Cdc37	NM_007065	OriGene
pDEST-27	GST-tag	Invitrogen
Cdc37, *gateway* pDONR221	NM_007065	Invitrogen
pcDNA3.1-TAP	TAP-tag	A. Erlbruch, DKFZ, Heidelberg
pBluescript II KS(+/-)	Expressionsvektor	Fermentas

2.1.3 Oligonukleotide

Die in dieser Arbeit verwendeten Oligonukleotide (Tabelle 2 und 3) wurden von der Firma MWG Biotech bezogen.

Tabelle 2: Primer für die Klonierung von c-Kit (aa544-977) in pRAV-Flag

Strang	**Sequenz (5´-3´)**
Forward	ACGCGTCGACAAACCTACAAATATTTACAGAAACCC
Reverse	AAGGAAAAAAGCGGCCGCGCTATCAGACATCGTCGTGCACAAG

Tabelle 3: Primer für die Mutagenese von TAP-c-Kit (aa544-977)

c-Kit Mutation	Strang	Sequenz (5´-3´)
V559D	Forward	CCCATGTATGAAGTACAGTGGAAGGATGTTGAGGAGATAAATGG
	Reverse	CCATTTATCTCCTCAACATCCTTCCACTGTACTTCATACATGGG
V560D	Forward	CATGTATGAAGTACAGTGGAAGGTTGATGAGGAGATAAATGG
	Reverse	CCATTTATCTCCTCATCAACCTTCCACTGTACTTCATACATG
del559	Forward	GAAGTACAGTGGAAGGTTGAGGAGATAAATGG
	Reverse	CCATTTATCTCCTCAACCTTCCACTGTACTTC
del557	Forward	CCCATGTATGAAGTACAGAAGGTTGTTGAGGAGATAAATGG
	Reverse	CCATTTATCTCCTCAACAACCTTCTGTACTTCATACATGGG
del558	Forward	CAGAAACCCATGTATGAAGTACAGGTTGTTGAGGAGATAAATGG
	Reverse	CCATTTATCTCCTCAACAACCTGTACTTCATACATGGGTTTCTG
L576P	Forward	GAGCCAACACAACCTCCTTATGATCACAAATGGGAGTTTCCC
	Reverse	GGGAAACTCCCATTTGTGATCATAAGGAGGTTGTGTTGGGTC
K642E	Forward	GCCCTCATGTCTGAACTCAAAGAACTGAGTTACCTTGG
	Reverse	CCAAGGTAACTCAGTTCTTTGAGTTCAGACATGAGGGC
D820A	Forward	GCCAGAGACATCAAGAATGCTTCTAATTATGTGGTTAAAGG
	Reverse	CCTTTAACCACATAATTAGAAGCATTCTTGATGTCTCTGGC
Y823D	Forward	CAGAGACATCAAGAATGATTCTAATGATGTGGTTAAAGGAAACGC
	Reverse	GCGTTCCTTTAACCACATCATTAGAATCATTCATGTCTCTG

2.1.4 Antikörper

Tabelle 4: Primäre Antikörper

Primäre Antikörper
Kaninchen-anti-c-Kit C-19, polyklonal (Santa Cruz Biotechnology)
Maus-anti-c-Kit Ab 81, monoklonal (Santa Cruz Biotechnology)
Kaninchen-anti-c-Kit $pY^{568,570}$, polyklonal (Invitrogen)
Kaninchen-anti-c-Kit pY^{721}, polyklonal (Invitrogen)
Maus-anti-Hsp90 4F10, monoklonal (Santa Cruz Biotechnology)
Kaninchen-anti-Cdc37 H-271, polyklonal (Santa Cruz Biotechnology)
Maus-anti-c-Kit Cdc37 C-11, monoklonal (Santa Cruz Biotechnology)
Kaninchen-anti-DYDDDK Tag, polyklonal (Cell Signaling)
Kaninchen-anti-β-Aktin, polyklonal (Cell Signaling)

Tabelle 5: Sekundäre Antikörper

Sekundäre Antikörper (Meerrettichperoxidase-gekoppelt(HRP))
Anti-Maus IgG HRP-gekoppelt (Cell Signaling)
Anti-Kaninchen IgG HRP-gekoppelt (Cell Signaling)

2.1.5 Standardpuffer

TBS (pH 7,6): 20 mM Tris-HCl, 137 mM NaCl

TBS-T: TBS (pH 7,6), 0,1 % Tween-20

TAE Puffer (pH 8,5): 40 mM Tris-HCl, 40 mM Essigsäure, 1 mM EDTA

Transferpuffer (pH 7,2): 25 mM Bicine, 25 mM Bis-Tris, 1 mM EDTA, 0,05 mM Chlorobutanol

MES-Laufpuffer (pH 7,2): 50 mM MES, 50 mM Tris, 3,5 mM SDS, 1 mM EDTA

2.2 Molekularbiologische Methoden

2.2.1 Transformation chemisch kompetenter *E. coli*-Zellen

Die Transformation - das Einbringen von genetischem Material in kompetente Bakterien - wurde in dieser Arbeit mit den *E. coli* Stämmen *Novablue Singles* (Novagen) und SCS110 (Stratagene) durchgeführt. Beide Bakterienstämme wurden zur Amplifizierung von Plasmid-DNA verwendet. Der Bakterienstamm SCS110 ist ein dcm/dam negativer Stamm und ermöglicht eine Amplifizierung von nicht-methylierter Plasmid-DNA. Dies kann Voraussetzung für die Verwendung methylierungssensitiver Restriktionsenzyme zum Verdau genomischer DNA im Rahmen einer Klonierung sein. Pro Transformation wurde ein 50 µl Aliquot der tiefgefrorenen Zellen auf Eis aufgetaut. Nach Zugabe der DNA (0,25-0,5 µg gereinigte Plasmid-DNA oder 10-20 µl Ligationsansatz) wurden die Zellen 30 min auf Eis inkubiert und im Anschluss daran einem einminütigen Hitzeschock bei 42 °C ausgesetzt. Nach 5-minütiger Inkubation auf Eis wurde 250-500 µl SOC-Medium (Invitrogen) hinzugegeben und für 10-60 min bei 37 °C inkubiert, um den Zellen die Möglichkeit zu geben, das plasmidkodierte Resistenzgen zu exprimieren. 40-100 µl des Transformationsansatzes wurden auf antibiotikahaltigen LB-Platten ausplattiert und über Nacht bei 37 °C inkubiert.

2.2.2 Präparation von Plasmid DNA

Die Isolation von Plasmid-DNA aus *E. coli* erfolgte unter Verwendung des „Qiaprep Spin Miniprep"-Kits (Qiagen) oder im großen Maßstab mit dem „PureLink™ HiPure Plasmid Maxiprep"-Kit (Invitrogen) nach Anleitung der Hersteller. Konzentration und Reinheit der DNA wurden photometrisch bei 260 nm bzw. bei 260/280 nm bestimmt und die Identität des Plasmids durch Restriktionsanalysen kontrolliert.

2.2.3 DNA Restriktion

Die Restriktion der DNA mittels Endonukleasen wurde unter Anwendung der vom Hersteller (NEB) empfohlenen Reaktionsbedingungen durchgeführt.

Material und Methoden

2.2.4 Elektrophoretische Auftrennung von DNA-Fragmenten im Agarosegel

Zur Auftrennung von DNA wurden 0,8-2 %ige Agarosegele mit TAE-Puffer und 0,5 µg/ml Ethidiumbromid hergestellt. Die Proben wurden mit 6x-Auftragspuffer (Fermentas) versetzt, zusammen mit einem geeigneten Größenstandard (Fermentas) aufgetragen und mit TAE als Laufpuffer bei 100 V aufgetrennt. Die DNA-Fragmente konnten durch Bestrahlung mit UV-Licht im Gel Doc XR-System (Biorad) sichtbar gemacht werden.

2.2.5 Isolation von DNA aus Agarosegelen

Die für die Klonierung benötigten DNA-Fragmente wurden zunächst mit einem Skalpell aus dem Gel ausgeschnitten und im Weiteren mit dem „QIAquick Gel Extraction Kit" (Qiagen) nach Vorschrift des Herstellers aufgereinigt.

2.2.6 Polymerase-Kettenreaktion (PCR)

Die Polymerase-Kettenreaktion dient zur gezielten Amplifizierung eines DNA-Fragmentes unter Verwendung von Oligonukleotid-Primern. Die PCR wurde in dieser Arbeit zur Amplifizierung des intrazellulären Teiles des c-Kit Rezeptors für eine anschließende Klonierung (2.2.9), sowie zur Mutagenese (2.2.8) eingesetzt. Der Reaktionsansatz (50 µl) setzte sich aus 20-50 ng Plasmid-DNA, je 0,12 µM Primer, 1 µl dNTP-Mix (Fermentas), *Pfu* Polymerase Puffer (5 x) und 7,5 U *Pfu*Turbo-Polymerase (Stratagene) zusammen. Die Parameter der Reaktion wurden wie folgt gewählt:

1. Initiale Denaturierung	96 °C	2 min
2. Denaturierung	96 °C	45 sec
3. Primer-*Annealing*:	50-60 °C	1 min
4. Elongation:	68-72°C	1 min/kb
5. Finale Elongation	68-72°C	4-7 min

Je nach Art der eingesetzten DNA wurden die Schritte 2-4 für 20-35 Mal wiederholt. Die PCR-Produkte wurden im Agarosegel aufgetrennt, aufgereinigt und mit den entsprechenden Restriktionsendonukleasen behandelt. Anschließend wurde die DNA mit dem „QIAquick PCR-Purification Kit" (Qiagen) gereinigt und in einen Vektor kloniert oder das Plasmid in *E. coli* transformiert (2.2.1).

2.2.7 Ligation von DNA-Fragmenten

Die T4-DNA Ligase verknüpft kohäsive oder glatte DNA-Enden unter Ausbildung einer Phosphodiesterbindung zwischen der 3´-Hydroxy- und der 5`-Phosphatgruppe der benachbarten Base. Die verwendete T4-DNA Ligase (Fermentas) wurde zur Klonierung von PCR-Produkten in die entsprechenden Vektoren eingesetzt. Die Ligation erfolgte bei 4 °C über Nacht und wurde nach Vorschrift des Herstellers durchgeführt.

2.2.8 Ortsgerichtete Mutagenese

Die ortsgerichtete Mutagenese erlaubt spezifisch den Austausch, die Einführung oder die Deletion einer oder mehrerer Basenpaare in einer Zielsequenz innerhalb eines Plasmids. In dieser Arbeit wurde die ortsgerichtete Mutagenese zur Einführung von Punktmutationen eingesetzt. Die dafür benötigten Primer wurden gemäß des „QuickChange site directed mutagenesis" Handbuchs (Stratagene) entworfen. Die Durchführung der Mutagenese erfolgte im PCR Thermocycler unter Verwendung der *Pfu*Turbo-Polymerase (Stratagene) gemäß dem Protokoll des Herstellers. Die anschließende Inkubation (1 h, 37 °C) mit dem Enzym *Dpn1* (Fermentas) führt zum spezifischen Verdau des methylierten, nicht-mutierten, parentalen Plasmids. 1 µl dieses Ansatzes wurde in *E. coli* transformiert (2.2.1). Nach Isolation der Plasmid-DNA (2.2.2) aus den Bakterien wurde die Mutagenese durch Sequenzierung verifiziert (2.2.10).

2.2.9 Klonierungen

Klonierung von c-Kit (aa544-977) in pcDNA3.1 (+)

Zur Untersuchung der c-Kit Interaktionspartner, sollte der intrazelluläre Teil des cKit Rezeptors verwendet und dieser mit einem TAP-tag versehen werden. Hierzu wurde zunächst der intrazelluläre Bereich des c-Kit-Klons (NM_000222, Origene) mittels PCR amplifiziert und die dazu benötigten Primer mit den entsprechenden Schnittstellen *Sal1* und *Not1* flankiert. Über diese Schnittstellen wurde die amplifizierte DNA-Sequenz in den bicistronischen, retroviralen Vektor pRAV-Flag, welcher einen N-terminalen TAP-tag

Material und Methoden

enthält, kloniert. Dazu wurde sowohl das aufgereinigte c-Kit PCR-Produkt, als auch der Vektor mit den Restriktionsenzymen *Sal1* und *Not1* verdaut (2.2.3), anschließend ligiert (2.2.7) und durch Restriktionsverdau identifiziert. Die Subklonierung der TAP-c-Ki c-DNA aus dem pRAV-Vektor in den eukaryotischen Expressionsvektor pcDNA3.1(+) erfolgte über 5´*BamH1* und 3`*Not1*. Der pcDNA3.1(+) Vektor wurde dazu mit den genannten Restriktionsenzymen verdaut, aus dem Gel extrahiert, aufgereinigt (2.2.5) und mit dem aus pRAV-Flag herausgeschnittenem TAP-c-Kit-Gen entsprechend den Schnittstellen ligiert. Die Identifizierung positiver Klone erfolgte über Restriktionsverdau. Der Klon wurde anschließend durch Sequenzierung verifiziert (2.2.10).

Klonierung von Cdc37 in pDEST27

Die Klonierung des GST-Cdc37-Gens erfolgte mit der Gateway^{TM}-Technologie. Diese Methode erlaubt einen schnellen und effizienten Transfer von Fremdgenen in verschiedenste pro-und eukaryotische Expressionssysteme, auf der Grundlage sequenzspezifischer *in vitro* Rekombinationsvorgänge (Hartley 2000). Das Fremdgen, welches sich im sogenannten Donor-Vektor (pDONR) befindet, ist mit zwei Rekombinationsstellen (*attL1* und *attL2*) flankiert. Der sogenannte Entry-Vektor (pENTR) enthält ebenfalls zwei Rekombinationsstellen (*attR1* und *attR2*). Durch Zugabe des „LR-Clonase Enzym-Mix" (Invitrogen) kommt es zur sequenzspezifischen Rekombination zwischen *attL1* und *attR1* sowie zwischen *attL2* und *attR2*. Das Fremdgen befindet sich nun im gewünschten Expressionssystem. Die Selektion des gewünschten Plasmids erfolgt zum einen über die unterschiedliche Antibiotikaresistenz der Vektoren und zum anderen dadurch, dass der Entry-Vektor ein sogenanntes Selbstmord-Gen (*ccdB*-Gen) enthält. Das *ccdB*-Gen befindet sich zwischen den *attR1*- und -*attR2* Seiten und wird bei erfolgreicher Rekombination entfernt und durch das Fremdgen ersetzt. Die Klonierung von Cdc37 in den GST-tag enthaltenden eukaryotischen Expressionsvektor erfolgte nach dem Protokoll des Herstellers (Invitrogen). Nach erfolgreicher Selektion wurde das klonierte Gen sequenziert (2.2.10).

2.2.10 DNA-Sequenzierung

Zur Überprüfung der Klonierungen wurden die veränderten Stellen der Plasmide oder das gesamte kodierende Gen sequenziert. Die Sequenzierungen wurden von der Firma GATC durchgeführt.

2.3 Zellbiologische Methoden

2.3.1 Zelllinien

Im Rahmen dieser Arbeit wurden humane embryonale Nierenfibroblasten, welche ein *SV40T-antigen* enthalten (HEK293T-Zellen; ATCC, CCL-61), verwendet. Diese Zelllinie wurde von ATCC (*American Type Culture Collection*) bezogen. Die HEK293-Zelllinie ist seit 1977 etabliert und gilt als robust, einfach zu handhaben und leicht zu transfizieren.

Die Zelllinien GIST882 und GIST48 entstammen humanen gastrointestinalen Tumoren und unterscheiden sich durch ihre Mutation im c-Kit Rezeptor. GIST882 trägt eine homozygote c-Kit Mutation in Exon 13 (K642E) und gilt als Imatinib-sensitiv. GIST48 gilt als Imatinib-resistent, sie trägt eine homozygote (primäre) Mutation in Exon 11 (V560D) und eine heterozygote Mutation in Exon 17 (D820A) von c-Kit.

2.3.2 Kultivierung von Zellen

Kultivierung von HEK293T-Zellen

Die HEK293T-Zellen wurden in DMEM-Medium (PAA) mit dem Zusatz von 10 % fötalem Kälberserum (PAA) und 10 µg/µL Gentamycin (Sigma-Aldrich) in einem Inkubator bei 37 °C und 5 % CO_2 kultiviert. Die Zellen wurden drei Mal pro Woche passagiert, um sie im logarithmischen Wachstum zu halten. Dazu wurden sie mit PBS (PAA) gewaschen und mit *Accutase* (PAA) von der Zellkulturflasche abgelöst.

Kultivierung von GIST-Zellen

Die Zelllinie GIST48 wurde in F10-Medium (Gibco) mit dem Zusatz von 15 % fötalem Kälberserum (Biochrom), 1 % Penicillin/Streptomycin/Amphotericin B (Calbiochem), 1 % L-Glutamin (Biochrom), sowie 0,5 % MITO+™Serum Extender und 1 % *Bovine*

Pituitary Extract (BD Biosciences) in einem Inkubator bei 37 °C und 5 % CO_2 kultiviert. Das Passagieren der Zellen erfolgte aufgrund ihrer langsamen Teilungsrate nach 8 10 Tagen. Die Zelllinie GIST882 wurde in RPMI 1640-Medium (Gibco) mit dem Zusatz von 15 % fötalem Kälberserum (Biochrom), 1 % Penicillin/Streptomycin/Amphotericin B (Calbiochem) und 1 % L-Glutamin (Biochrom) ebenfalls bei 37 °C und 5 % CO_2 im Inkubator kultiviert und nach 5-7 Tagen passagiert. Beide GIST-Zelllinien wurden vor dem Passagieren mit PBS gewaschen und GIST48 mit „TrypLE™ Express Stable Trypsin"(Gibco) bzw. GIST882 mit 0,5 % Trypsin-EDTA (Gibco) von der Zellkulturflasche abgelöst.

2.3.3 Transiente Plasmid-Transfektion

Zur Proteinexpression in größerem Maßstab wurden einen Tag vor der Transfektion $2,8 \times 10^6$ HEK293T-Zellen in einer 10 cm Zellkulturschale in 8 ml DMEM-Medium ausgesät; für eine 6-*well* Platte waren es 6×10^5 HEK293T-Zellen pro *well*. Für die 10 cm Zellkulturschale wurde der Transfektionsansatz wie folgt gewählt: 12 µg Plasmid-DNA verdünnt in 1,2 ml DMEM-Medium (ohne FCS, ohne Antibiotika) und 22 µl „Turbofect" Transfektionsreagenz (Fermentas). Für die 6-*well* Platte: 4 µg Plasmid-DNA verdünnt in 0,4 ml DMEM-Medium (ohne FCS, ohne Antibiotika) und 6 µl „Turbofect" Transfektionsreagenz. Das verwendete Transfektionsreagenz ist ein kationisches Polymer, welches mit der DNA stabile, positiv geladene Komplexe bildet. Diese Komplexe verhindern die Degradierung der DNA und ermöglichen die Aufnahme der DNA in die eukaryotische Zelle. Die Durchführung der Transfektion erfolgte nach dem Protokoll des Herstellers. Bei der Transfektion der schwer exprimierbaren TAP-c-Kit Mutanten wurde nach ca. 4-6 h das Medium gewechselt.

2.3.4 Expression rekombinanter Proteine

Zunächst wurde eine Testexpression der einzelnen rekombinanten Proteine in HEK293T-Zellen im 6-*well*-Format durchgeführt. Dabei wurden die Zellen 24 h, 48 h und 72 h nach der Plasmid-Transfektion (2.3.3) geerntet, lysiert und mittels Western Blot Analyse auf deren Expression hin untersucht. Die Proteinexpression der TAP-c-Kit Mutanten und des

TAP-c-Kit Wildtyps in größerem Maßstab, sowie die Koexpression der TAP-c-Kit Mutanten/Wildtyp und GST-Cdc37 betrug 48 h.

2.4 Proteinbiochemische Methoden

2.4.1 Herstellung von Zelllysaten

Zellernte von HEK293T-Zellen und GIST-Zellen

Das Kulturmedium wurde restlos von den Zellen entfernt, anschließend einmal mit eiskaltem PBS (PAA) gewaschen und mit einem Zellschaber in PBS geerntet. Die Zellsuspension wurde in ein Zentrifugenröhrchen überführt und die Zellen bei 4 °C und 500 x g für 5 min sedimentiert. Die Sedimente wurden entweder bei -80 °C eingefroren oder direkt für das jeweilige Experiment verwendet.

Herstellung eines Gesamtzelllysats von HEK293T-Zellen

Die Herstellung der Gesamtzelllysate aus HEK293T-Zellen zur Durchführung der expressions-entkoppelten Tandem-Affinitätsreinigung und zur verkürzten Tandem-Affinitätsreinigung wurde wie folgt durchgeführt: pro Experiment wurde das Zellpellet von 10-14 Zellschalen aufgetaut oder frisch geerntet und in 10-14 ml eiskalten Lysepuffer (25 mM Tris HCl pH 7,4; 50 mM NaCl; 0,5 mM EDTA; 0,1 % NP40) resuspendiert. Der Lysepuffer enthielt zusätzlich Proteaseinhibitor-Mix (Roche) und Phosphataseinibitor (Roche). Der Zellaufschluss erfolgte durch drei Zyklen zu je 30 Pulsen Ultraschall (Branson, Sonifier) auf Eis. Die Zelltrümmer/Zelldebris wurden durch Ultrazentrifugation bei 45 000 rpm (50.2Ti Rotor) und 4 °C für 45-60 min entfernt. Der Überstand wurde abgenommen und in ein neues Reaktionsgefäß überführt.

Für die Immunopräzipitation und für den GST Pull-down-Assay, sowie für die semi-quantitative Proteinbestimmungen mittels Western Blot wurden die entsprechenden Mengen an Zellpellets auf Eis aufgetaut und in 1-2 ml Lysepuffer (25 mM Tris-HCl pH 7,4; 50 mM NaCl; 0,5 mM EDTA; 0,5 % NP40) resuspendiert. Der Lysepuffer enthielt ebenfalls Proteaseinhibitor und ggf. auch Phosphataseinibitor. Nach 20-minütiger Inkubation bei 4 °C unter Rotation wurden die Zelltrümmer durch Zentrifugation (14 000 rpm, 4 °C,

15 min) entfernt und der Überstand für den jeweiligen Versuch eingesetzt. Die Bestimmung der Proteinkonzentration erfolgte mittels Bradford-Assay (Biorad).

Herstellung eines Gesamtzelllysats von GIST-Zellen

Die GIST-Zellen wurden wie oben beschrieben geerntet und das Zellsediment in 0,5-2,0 ml eiskaltem Lysepuffer (1 % NP40, 50 mM Tris-HCl pH 8.0, 100 mM Natriumfluorid, 30 mM Natriumpyrophosphat, 2 mM Natriummolybdat, 5 mM EDTA) resuspendiert. Der Lysepuffer enthielt Proteaseinhibitor und ggf. auch Phosphataseinhibitor (beide von Roche). Die Zelllyse erfolgte bei 4 °C für 30 min auf dem Rotationsschüttler. Durch Zentrifugation (14 000 rpm, 4 °C, 20 min) wurden die Zelltrümmer entfernt und der Überstand für den jeweiligen Versuch eingesetzt. Die Bestimmung der Proteinkonzentration erfolgte mittels Bradford-Assay (Biorad).

Herstellung eines Gesamtzelllysats von HeLa-Zellen

Die Untersuchung von c-Kit Interaktionspartner mittels expressions-entkoppelter Tandem-Affinitätsreinigung erfolgte in HeLa-Zelllysaten. Pro Experiment wurden das Lysat von $1{,}25 \times 10^9$ HeLa-Zellen (Cilbiotech) eingesetzt. Die bei -80 °C gelagerten HeLa-Zellen wurden bis zum möglichen Herauslösen in der Hand erwärmt und anschließend in 40-50 ml eiskalten Lysepuffer (25 mM Tris-HCl pH 7,4; 50 mM NaCl; 10 mM EDTA; 0,1 % NP40; Proteaseinhibitor-Mix; Phosphataseinibitor) vollständig gelöst. Die Zellen wurden auf Eis durch 3 Zyklen zu je 50 Pulsen Ultraschall (Branson, Sonifier) aufgeschlossen. Zelltrümmer/Zelldebris, sowie Membranlipide wurden durch Ultrazentrifugation bei 45 000 rpm (50.2Ti Rotor) und 4 °C für 45-60 min entfernt. Die klare, mittlere Fraktion wurde vorsichtig mit der Pipette herausgezogen und für die expressions-entkoppelte Tandem-Affinitätsreinigung eingesetzt. Die Bestimmung der Proteinkonzentration erfolgte mittels Bradford-Assay (Biorad).

2.4.2 Aufreinigung der TAP-c-Kit Köderproteine

Die TAP-c-Kit Proteine wurden durch Bindung ihrer IgG-Bindedomäne an eine IgG-Matrix vom Zelllysat isoliert und aufgereinigt. Im Rahmen dieser Arbeit fand die chromatographische Reinigung bei der Initiierung der *in vitro* Autophosphorylierungsreaktion von TAP-c-Kit Wildtyp (2.4.3), bei der Bestimmung der c-Kit Kinaseaktivität (2.4.4), bei der verkürzten Tandem-Affinitätsreinigung von c-Kit Mutanten (2.4.6) und bei der expressions-entkoppelten Tandem-Affinitätsreinigung (2.4.7) Anwendung. Dazu wurden die TAP-c-Kit Mutanten oder der TAP-c-Kit Wildtyp in HEK293T-Zellen exprimiert (2.3.4) und lysiert (2.4.1). Das IgG-Säulenmaterial „IgG-6-Fast-Flow-Sepharose" (Amersham) wurde zur Abtrennung ungebundener Antikörper zunächst 4 x mit TBS und 3 x mit Lysepuffer gewaschen. Je nach Ansatzgröße wurden 250-400 µl äquilibrierte IgG-6-Fast-Flow-Sepharose dem Zelllysat zugesetzt und für 1 h bei 4 °C auf dem Rotationsschüttler inkubiert. Durch Packen der PolyPrep-Säule (Biorad) wurde das Zelllysat wieder vom Säulenmaterial abgetrennt und die Matrix 6-8 x mit je einem Säulenvolumen Waschpuffer gewaschen. Die Puffer zum Waschen des IgG-Säulenmaterials waren je nach Experiment unterschiedlich stringent. Folgende Puffer wurden verwendet: TEV20-Puffer (20 mM Tris-HCl pH 7,4); TEV40-Puffer (40 mM Tris-HCl pH 7,4); TMN50 (50 mM Tris-HCl pH 7,4; 50 mM NaCl; 2 mM $MgCl_2$). Das aufgereinigte TAP-c-Kit Köderprotein wurde für das jeweils gewünschte Experiment eingesetzt.

2.4.3 Initiierung der Autophosphorylierungsreaktion von TAP-c-Kit Wildtyp

TAP-c-Kit Wildtyp war nach der Expression in HEK239T-Zellen und Aufreinigung über den TAP-tag nicht phosphoryliert, konnte aber *in vitro* phosphoryliert werden. Dazu wurde TAP-c-Kit Wildtyp enthaltendes Zelllysat (2.4.1) durch Bindung an die IgG-Matrix aufgereinigt (2.4.2). Das IgG-Säulenmaterial wurde je zwei Mal mit TMN50-Puffer, TEV20-Puffer und TEV40-Puffer gewaschen. Anschließend wurde das Säulenmaterial in TEV40-Puffer resuspendiert und die Phosphorylierungsreaktion durch Zugabe von 5 mM ATP (in TEV20-Puffer) und 10 mM $MgCl_2$ gestartet. Die Reaktion erfolgte bei Raumtemperatur auf dem Rotationsschüttler, wobei die Inkubationsdauer je nach Versuch zwischen 10 min und 200 min lag. Durch Packen der Säule und anschließendem zweimaligem Waschen mit TEV20-Puffer wurde die Autophosphorylierungsreaktion gestoppt. Das phosphorylierte, an das Säulenmaterial gebundene c-Kit Köderprotein wurde in TEV20-Puffer resuspendiert und für den jeweiligen Versuch eingesetzt.

2.4.4 Bestimmung der c-Kit Kinaseaktivität

Die Bestimmung der Kinaseaktivität von c-Kit Wildtyp wurde durch Zugabe eines Tyrosin-enthaltenden Substrates unter Anwesenheit von $MgCl_2$ und ATP durchgeführt. Die Proben wurde mittels nanoESI-MS analysiert (2.5.2) und die Tyrosinphosphorylierung des Substrats über den phospho-spezifischen Molekulargewichts-Shift bestimmt. Für den Kinase-Assay wurde sowohl aktiviertes TAP-c-Kit (2.4.3) als auch nicht aktiviertes TAP-c-Kit eingesetzt. Als Substrat wurde das „KDR (Tyr966) Biotinylated Peptide" (Cell Signaling) verwendet. Es besteht aus der Kernsequenz des *kinase insert domain receptors* (KDR) und enthält einen Tyrosinrest (Tyr966). KDR diente als Modell-Substrat für die intrinsisch vorkommende Autophosphorylierung des c-Kit Rezeptors.

Das Zelllysat von 8-9 Zellschalen TAP-c-Kit Wildtyp exprimierender HEK293T-Zellen (2.4.1) wurde über die IgG-Bindedomäne des TAP-tags aufgereinigt (2.4.2). Die IgG-Matrix wurde nach Inkubation mit dem Zelllysat je 3 x mit TMN50-Puffer und TEV20-Puffer gewaschen und dann in 800 µl TEV20-Puffer resuspendiert. Die IgG-Bindedomänen von TAP-c-Kit wurden durch Zugabe von 80 U TEV-Protease (Invitrogen) abgespalten (60 min, 16 °C). Das eluierte Flag-c-Kit wurde bis auf ca. 120 µl einkonzentriert (Microcon YM-10, Millipore) und für den Kinase-Assay eingesetzt. Äquivalente Mengen *in vitro* autophosphoryliertes Flag-c-Kit Wildtyp Köderprotein (2.4.3) wurde ebenfalls auf dessen Kinaseaktivität hin untersucht. Darüber hinaus wurden die Reaktionen unter Anwesenheit der Tyrosinkinase-Inhibitoren Imatinib (Biaffin) und Sunitinib (Biaffin) durchgeführt. Pro Ansatz wurden „HTScan® Tyrosine Kinase Buffer (4 x)" (Cell Signaling), 5 mM ATP, 3 µM KDR (Tyr966) Substrat-Peptid und ggf. 1 µl Imatinib (16,95 mM) oder 1 µl Sunitinib (25,09 mM) vorgelegt und mit Wasser auf ein Endvolumen von 50 µl (einschließlich dem Volumen der Kinase) aufgefüllt. Der Reaktionsstart erfolgte durch Zugabe von 5-10 µl Flag-c-Kit Protein bzw. Wasser (Negativkontrolle). Die Ansätze wurden bei 30 °C für 60 min auf dem Thermomixer inkubiert und anschießend mittels nanoESI-MS analysiert.

2.4.5 Tandem-Affinitätsreinigung

Die Tandem-Affinitätsreinigung erlaubt eine Reinigung von Proteinkomplexen unter nativen Bedingungen. Das Köderprotein wird dazu als Fusionsprotein mit dem TAP-tag in Zellen exprimiert und mit seinen assoziierten Bindepartnern anschließend sequentiell durch Affinitätschromatographie über den TAP-tag isoliert. Im Rahmen dieser Arbeit wurde der TAP-tag von Knuesel et al. als Fusionsprotein mit dem intrazellulären Teil des c-Kit Rezeptors eingesetzt (Knuesel 2003). Dieser TAP-tag besteht aus zwei IgG-Bindedomänen des Protein A aus *Staphylococcus aureus*, zwei Spaltstellen für die TEV-Protease und einem Flag-Peptid. Das Prinzip der Reinigung ist wie folgt: Im ersten Affinitätsschritt erfolgt die Bindung des rekombinanten Fusionsproteins an die IgG-Sepharose über die beiden IgG-Bindedomänen des TAP-tags. Anschließend werden die IgG-Bindedomänen mittels TEV-Protease abgespalten und das Eluat in einem zweiten Affinitätsschritt an die anti-Flag-Matrix über das Flag-Peptid des TAP-tags gebunden. Abschließend erfolgt eine kompetitive Elution des Köderproteins durch freies Flag-Peptid. Für die Reinigung der mutierten TAP-c-Kit Köderproteine wurde aufgrund ihrer niedrigen Expressionsrate in HEK293T-Zellen die verkürzte Tandem-Affinitätsreinigung zur Identifizierung von Bindepartnern angewandt (2.4.6). Die expressions-entkoppelte Tandem-Affinitätsreinigung wurde im Rahmen dieser Arbeit für die Rezeptortyrosinkinase c-Kit Wildtyp etabliert (3.3.1).

2.4.6 Verkürzte Tandem-Affinitätsreinigung von c-Kit Mutanten

Es wurden verschiedene GIST-assoziierte primäre und sekundäre c-Kit Mutationen ausgewählt, die besonders häufig bei GIST-Patienten auftreten und/oder differentielle Wirkungen auf verschiedene Inhibitoren zeigen. Diese rekombinanten c-Kit Proteine waren ebenfalls TAP-fusioniert. Da sich die c-Kit Mutanten allerdings deutlich schlechter in HEK293T-Zellen exprimieren ließen als der Wildtyp, wurde eine verkürzte Form der Tandem-Affinitätsreinigung angewandt. Hierbei wurden die c-Kit Mutanten über die IgG-Matrix aufgereinigt und mittels TEV-Spaltung eluiert.

Für jeden Versuchsansatz wurden 12-14 Zellschalen (10 cm Durchmesser) TAP-c-Kit exprimierender HEK293T-Zellen lysiert (2.4.1). Die Isolierung der c-Kit Mutanten erfolgte durch Inkubation mit 250-350 µl IgG-Matrix (2.4.2). Gewaschen wurde die Matrix mit 2 x TMN50-Puffer und 5 x TEV20-Puffer. Das Säulenmaterial wurde nun in 800 µl TEV20-Puffer resuspendiert. Die IgG-Bindedömane des TAP-tags wurde durch Inkubation mit 100 U TEV-Protease (Invitrogen) für 1 h bei 16 °C im Thermomixer bei 950 rpm abgespalten. Durch Packen der Säule konnte das von der IgG-Matrix abgespaltene Flag-c-Kit mit seinen gebundenen Interaktionspartnern eluiert werden. Das Eluat wurde mit Microcon YM-10 (Millipore) einkonzentriert, mit 4 x LDS-Probenpuffer und DTT versehen und für 7 min bei 70 °C denaturiert. Die Proteine wurden mittels SDS-PAGE aufgetrennt und mit kolloidalem Coomassie visualisiert (2.4.10).

2.4.7 Expressions-entkoppelte Tandem-Affinitätsreinigung

Im Rahmen dieser Arbeit wurde die expressions-entkoppelte Tandem-Affinitätsreinigung (u-TAP) für die Rezeptortyrosinkinase c-Kit etabliert. Hierzu wurde das TAP-c-Kit Köderprotein zunächst heterolog in HEK293T-Zellen exprimiert, über die IgG-Bindedomänen gereinigt (2.4.2) und ggf. *in vitro* phosphoryliert (2.4.3). Das TAP-c-Kit Köderprotein wurde anschließend dem zu untersuchendem Zelllysat zugesetzt und die Tandem-Affinitätschromatographie wie nachfolgend beschrieben durchgeführt. Als Kontrollprotein diente das TAP-tag Protein, welches von A. Erlbruch zur Verfügung gestellt wurde.

Für die expressions-entkoppelte Tandem-Affinitätsreinigung wurde für jedes Experiment das TAP-c-Kit Wildtyp Köderprotein aus 10-14 Zellschalen HEK293T-Zellen durch Bindung an die IgG-Matrix isoliert (2.4.2). Die IgG-Matrix wurde je 2 x mit TMN50-Puffer, TEV20-Puffer und TEV40-Puffer gewaschen. Das nun gereinigte, an die IgG-Matrix gebundene Köderprotein wurde entweder mit 800 µl TEV40-Puffer resuspendiert und wie in 2.4.3 beschrieben für 120 min mit $MgCl_2$ und ATP *in vitro* phosphoryliert, anschließend gewaschen und in 1000 µl TEV20-Puffer resuspendiert; oder direkt in 1000 µl TEV20-Puffer resuspendiert. Die jeweiligen Ansätze wurden über Nacht auf dem Rotationsschüttler stehen gelassen. Am zweiten Versuchstag kam das zu untersuchende Modell-Zellsystem HeLa zum Einsatz. Dazu wurde pro Experiment das Zelllysat von $1{,}25 \times 10^9$ HeLa-Zellen eingesetzt (2.4.1). Nach der Zentrifugation wurde die mittlere, klare Zellfraktion für die expressions-entkoppelte Tandem-Affinitätsreinigung eingesetzt.

Material und Methoden

Hierzu wurde das IgG-gebundene TAP-c-Kit Köderprotein bzw. die Negativkontrolle zum Zelllysat gegeben und für 60 min bei 4 °C auf dem Rotationsschüttler inkubiert. Als Negativkontrolle wurde entweder das TAP-tag Protein eingesetzt oder 300-400 µl äquilibrierte IgG-Matrix. Zur Abtrennung des IgG-Säulenmaterials wurde der Ansatz in eine 10 ml PolyPrep-Säule (Biorad) überführt. Die Matrix wurde 8 x mit TEV20-Puffer gewaschen und anschließend in 800 µl TEV20-Puffer resuspendiert. Zur Abspaltung des ersten Teils des Affinitäts-tags wurde der Ansatz mit 100-120 U TEV-Protease (Invitrogen) versetzt und 60 min bei 16 °C und 950 rpm im Thermomixer inkubiert. Anschließend wurde die IgG-Matrix wieder über eine Säule abgetrennt und das Eluat (Säulendurchlauf) für die zweite chromatographische Trennung verwendet. Die dazu nötige anti-Flag-M2-Agarose (Sigma-Aldrich) wurde 2 x mit TBS und 3 x mit TEV20-Puffer äquilibriert. 150-200 µl dieser äquilibrierten anti-Flag-Matrix wurde mit dem IgG-Eluat für 60 min bei 4 °C auf dem Rotationsschüttler inkubiert. Der Ansatz wurde wieder in eine Säule überführt und die anti-Flag-Matrix 6 x mit einem Säulenvolumen TMN50-Puffer gewaschen. Das Köderprotein mit seinen assoziierten Interaktionspartnern wurde durch zweimalige Zugabe von 250 µl Flag-Peptid (R. Pipkorn, DKFZ) (1 mg/ml in TMN50-Puffer) von der anti-Flag-Matrix eluiert. Die Konzentrierung der Elutionsfraktionen erfolgte mit Microcon YM-10 (Millipore) bei 4 °C. Die einkonzentrierten Proben wurden mit 4 x LDS-Probenpuffer und DTT versehen und für 7 min bei 70 °C denaturiert. Die Proben wurden mittels SDS-Gelelektrophorese aufgetrennt und durch Färbung mit kolloidalem Coomassie visualisiert (2.4.10). Die Analyse der Proteinbanden erfolgte mittels einem nanoUPLC-QTOF-2 oder einem nanoUPLC-Orbitrap LC-MS System.

2.4.8 Immunopräzipitation

Die Immunopräzipitation (IP) ermöglicht den Nachweis eines bestimmten Proteins durch dessen Interaktion mit einem spezifischen Antikörper. Dabei nutzt man sowohl die sehr spezifische Antigen-Antikörper Bindung, als auch die spezifische Bindung des Antikörper an Protein A oder Protein G. Protein A bzw. Protein G wird an Mikropartikel (*beads*) gekoppelt, die dann in der Lage sind, sowohl den Antikörper als auch das spezifisch daran gebundene Protein mit samt seinen Interaktionspartnern aus dem Lysat zu isolieren. Die IP wurde im Rahmen dieser Arbeit zur Identifizierung/Verifizierung von

Material und Methoden

c-Kit Interaktionspartnern in den GIST-Zelllinien (GIST882, GIST48) sowie zur Untersuchung der mit TAP-c-Kit exprimierenden HEK293T-Zellen angewandt.

Für die IP wurde das Zelllysat von GIST-Zellen oder c-Kit exprimierenden HEK293T-Zellen eingesetzt (2.4.1). Dazu wurden die Proteinkonzentrationen der löslichen Überstande bestimmt (Bradford-Assay) und gleiche Proteinmengen (3,5-4 mg) für den Versuch eingesetzt. Zusätzlich wurde je ein Aliquot vom Gesamtzelllysat für dessen Analyse entnommen. Zunächst wurden die löslichen Zellüberstande zur Vorreinigung mit 40 µl Protein A-Agarose (Roche) für 20 min bei 4 °C unter Rotation inkubiert. Durch Zentrifugation (12 000 rpm, 20 s, 4 °C) wurde die Protein A-Agarose wieder aus den Proben entfernt. 12-14 µg anti-c-Kit Antikörper (C-19, Santa Cruz) wurde nun zum Lysat gegeben und für 60 min bei 4 °C inkubiert. Anschließend wurden 50 µl Protein A-Agarose zugegeben und für weitere 3 h bei 4 °C auf dem Rotationsschüttler inkubiert. Darauffolgend wurde der Überstand abzentrifugiert (12 000 rpm, 20 s, 4 °C) und die *beads* 4 x für je 20 min gewaschen (1 x mit Lysepuffer, 2 x mit Waschpuffer 1 (50 mM Tris-HCl pH 7,5; 70 mM NaCl, 0,1 % NP40), 1 x mit Waschpuffer 2 (50 mM Tris-HCl pH 7,5; 0,1 % NP40)). Die Elution von c-Kit erfolgte durch Zugabe von 2 x Probenpuffer (incl. 100 mM DTT) zur sedimentierten Protein A-Agarose und 7-minütigem Erhitzen bei 70 °C auf dem Thermomixer. Der Überstand (Eluat) wurde vorsichtig abgenommen und in ein neues Gefäß pipettiert. Die Analyse der an c-Kit gebundenen Interaktionspartner erfolgte mittels Western Blot. Als Negativkontrollen wurden HEK293T-Zellen, sowie HEK293T-Zellen transfiziert mit dem TAP-tag-Konstrukt eingesetzt und die IP wie oben beschrieben durchgeführt. Als weitere Kontrolle wurden TAP-c-Kit transfizierte Zellen und GIST-Zellen verwendet und der Versuch ohne Antikörper durchgeführt.

2.4.9 GST Pull-down-Assay

Der GST Pull-down-Assay beruht auf der Affinität des Fusionsanteils, der Glutathion-S-Transferase, zu seinem Substrat Glutathion. Durch Glutathion-gebundene Sepharose kann das GST-Fusionsprotein und seine assoziierten Bindepartner selektiv isoliert werden. Die Elution des Köderproteins mit den gebundenen Interaktionspartnern erfolgt mit reduziertem Glutathion. Im Rahmen dieser Arbeit wurde der GST Pull-down-Assay zur Verifizierung der Interaktionen der rekombinanten c-Kit Mutanten mit Cdc37 bzw. zur Verifizierung der Abwesenheit einer solchen mit c-Kit Wildtyp eingesetzt.

HEK293T-Zellen wurden zu gleichen Teilen mit dem GST-Cdc37 und dem jeweiligen TAP-c-Kit Konstrukt transfiziert (2.3.3). Nach 48 h wurden die Zellen geerntet und in RIPA-Puffer (Sigma-Aldrich) lysiert (2.4.1). Für das Pull-down-Experiment wurde die lösliche Fraktion (3,5-4 mg Gesamtprotein) zusammen mit 50 µl GST-Sepharose-4B (Amersham) für 60 min auf dem Rotationsschüttler bei 4 °C inkubiert. Das Säulenmaterial wurde über eine Säule (Biorad) abgetrennt und 4 x mit 500 µl kaltem PBS gewaschen. Die Elution erfolgte fraktionsweise durch Zugabe von 70 µl und 100 µl reduziertem Glutathion (in 50 mM Tris pH 8,0). Als Kontrolle dienten nicht-transfizierte HEK293T-Zellen und Zellen, die mit GST-Cdc37 und dem TAP-tag kotransfiziert wurden. Der Nachweis der Interaktionspartner erfolgte durch Western Blot Analyse unter Verwendung geeigneter Antikörper.

2.4.10 SDS-Polyacrylamid-Gelelektrophorese (SDS-PAGE)

Eluate der Affinitätschromatographie oder gleiche Proteinmengen der Zelllysate wurden mittels SDS-PAGE aufgetrennt. Dazu wurden die Proben mit 4 x LDS-Probenpuffer (Invitrogen) und 100 mM DTT versetzt und für 7 min bei 70 °C erhitzt. Die nun vollständig denaturierten Proben wurden auf ein 4-12 %iges „NuPAGE" Bis-Tris-Gel (Invitrogen) geladen und unter Verwendung von MES-Laufpuffer und 500 µl Antioxidant (Invitrogen) bei 200 V gemäß ihrem Molekulargewicht aufgetrennt. Als Größenstandard wurde „Mark12" (Invitrogen) verwendet; für SDS-Gele, die für Western Blots verwendet wurden, wurden die Molekulargewichtsmarker „SeeBlue Plus2" oder „MagicMark XP" verwendet (Beides sogenannte *pre-stained* Marker, Invitrogen). Letztere ermöglichen die Visualisierung der Auftrennung der Proteine während der Elektrophorese, sowie die Überprüfung des Proteintransfers nach dem Blotten.

Färben von Polyacrylamidgelen

Die Visualisierung der mittels SDS-PAGE aufgetrennten Proteine erfolgte je nach anschließendem Verwendungszweck durch verschiedene Färbetechniken. Routinemäßig

Material und Methoden

fand die klassische Coomassie-Brilliant-Blau-Färbung Anwendung. Zur Detektion schwächerer Banden wurde die sensitivere Kolloidal-Coomassie-Färbung verwendet.

Bei der klassischen **Coomassie-Brilliant-Blau-Färbung** wurde das Gel 30 min mit der Coomassie-Brilliant-Blau-Lösung (450 ml Methanol; 100 ml Eisessig, 2,5 g Coomassie-Brilliant Blau R250, 450 ml Wasser) inkubiert und anschließend für mehrere Stunden mit einer Lösung (5 % Isopropanol, 7 % Eisessig) entfärbt.

Die angewandte **kolloidal-Coomassie-Färbung** nach Neuhoff wird als *BlueSilver* Färbelösung bezeichnet (Candiano 2004) und hat eine Nachweisgrenze von 3 ng BSA. Die Gele wurden zunächst 4-14 h mit 40 %iger Essigsäure fixiert, anschließend mit Wasser abgespült und dann für 24-48 h mit der kolloidal-Coomassie Lösung (0,12 % Coomassie-Brilliant Blau G250; 10 % Ammoniumsulfat; 10 % Phosphorsäure; 20 % Methanol) gefärbt. Entfärbt wurde für mehrere Stunden mit Wasser.

Phosphoprotein-Detektion in Polyacrylamidgelen

Die Detektion von Phosphoproteinen in Polyacrylamidgelen erfolgte mit der auf Fluoreszenz-basierenden Lösung „Pro-Q Diamond" (Invitrogen) und wurde nach Angaben des Herstellers durchgeführt. Diese Färbung erlaubt die in-Gel Detektion von phosphorylierten Tyrosin-, Serin- und Threonin-Resten.

2.4.11 Immunologischer Nachweis von Proteinen (Western Blot)

Um die Menge spezifischer Proteine, bzw. Interaktionspartner nachzuweisen wurden die in einer SDS-PAGE aufgetrennten Proteine zunächst im *tank blot*-Verfahren unter Verwendung von Transferpuffer auf eine PVDF-Membran übertragen (200 mA, 60 min). Nach dem Blot-Vorgang wurde dessen Qualität durch kurzes Anfärben mit *Ponceau*-Rot überprüft. Der Blot wurde dann mit Wasser und TBS/T gewaschen und mit einer Blockierlösung (3 % Milchpulver in TBS/T) zur Absättigung der freien Bindungsstellen für 60 min inkubiert. Nach dreimaligem Waschen mit TBS/T wurde der primäre Antikörper, verdünnt mit 5 % BSA in TBS/T, über Nacht bei 4 °C auf dem Schüttler inkubiert. Im Anschluss daran wurde die Membran 3 x für 10 min mit TBS/T gewaschen und 1 h mit dem Meerrettichperoxidase-gekoppelten sekundären Antikörper inkubiert. Nach dreimaligem Waschen mit TBS/T (je 15 min) wurde die Membran für 1 min im „Western

Lightning" Chemolumineszenz-Reagenz (Perkin Elmer) inkubiert. Das darin enthaltene Substrat Luminol wird von der Peroxidase unter Lichtemission umgesetzt. Die Lichtsignale wurden mit dem „Lumi-Imager" (Roche) detektiert.

Entfernen spezifischer Antikörper (Stripping) von Blot-Membranen

Das Entfernen von auf der PVDF-Membran gebundenen primären Antikörpern, für die anschließende erneute Inkubation mit einem weiteren primären Antikörper (*Stripping*) erfolgte mittels dem sog. *Stripping*-Puffer (0,2 M Glyzin, 0,1 % SDS, 1 % Tween20, pH 2,2). Dazu wurde der Western Blot mit *Stripping*-Puffer versetzt, in der Mikrowelle erwärmt und anschließend für 10 min bei Raumtemperatur inkubiert. Daraufhin wurde der Western Blot 3 x mit TBS/T für je 10-15 min gewaschen und dann erneut mit Blockierlösung für 30-60 min inkubiert. Nach Waschen mit TBS/T erfolgte die erneute Inkubation mit dem gewünschten primären Antikörper.

2.4.12 Quantifizierung der Proteinbanden

Die Quantifizierung von Proteinbanden im Western Blot erfolgte mit der Software „Quantity One-4.6.1" (BioRad). Um die Menge eines bestimmten Proteins in verschiedenen Proben vergleichen zu können, wurden die spezifischen Signale auf β-Aktin als Ladekontrolle normalisiert. Bei der semi-Quantifizierung der TAP-c-Kit Proteine bezüglich ihrer Affinitäten zu Hsp90 und Cdc37 wurde das Verhältnis von TAP-c-Kit zu Hsp90 oder Cdc37 mit einem anti-Hsp90 bzw. einem anti-Cdc37 Antikörper bestimmt. Dieser visualisierte neben dem spezifischen Antigen auch das TAP-c Kit Protein, das aufgrund seiner IgG-Bindedomänen jeglichen Antikörper bindet. Die statistische Auswertung der Daten erfolgte mit der Software „GraphPad Prism4".

2.5 Massenspektrometrie

Die massenspektrometrischen Analysen wurden von Jörg Seidler, DKFZ Heidelberg, durchgeführt.

2.5.1 Identifizierung von Proteinen und Protein-Phosphorylierungsstellen und Bestimmung des Phosphorylierungsgrades

In-Gel Verdau

Coomassie-gefärbte Protein-Gelbanden wurden aus dem Gel ausgeschnitten und in Stücke von ungefähr 1 mm^2 zerteilt. Zur Entfärbung wurden die Gelstücke mit 1 ml 30 % Acetonitril, 0,7 M Ammoniumhydrogencarbonat für 15 min inkubiert. Die Lösung wurde entfernt, 1 ml 50 % Acetoniril, 0,1 %Trifluoressigsäure hinzugegeben und für weitere 15 min inkubiert. Im Anschluss wurde diese Lösung entfernt und die Proben in einer Vakuumzentrifuge (Speedvac, Thermo) eingetrocknet. Die getrockneten Gelstücke wurden mit 300 µl 0,01 M DTT (gelöst in 0,1 M Ammoniumcarbonat) bei 56 °C für 30 min, zur kompletten Reduktion der Disulfidbrücken, inkubiert. Nach Entfernen des Puffers wurden 300 µl 0,055 M Isoamylalkohol, gelöst in 0,1 M Ammoniumhydrogencarbonat, zugegeben und im Dunklen für 30 min bei Raumtemperatur inkubiert. Anschließend wurden die Gelstücke mit 1 ml 0,1 M Ammoniumcarbonat unter Schütteln gewaschen und durch nachfolgende Zugabe von reinem Acetonitril dehydriert und in der Vakuumzentrifuge vollständig eingetrocknet. Die getrockneten Gelstücke wurden dann mit einer Enzym-Puffer-Lösung (Trypsin in 0,1 M Ammoniumhydrogencarbonat) für 16 h bei 37 °C inkubiert. Im Folgenden wurden die Überstände abgenommen, gesammelt und die getrockneten Gelstücke durch Zugabe von 100 µl Acetonitril dehydriert. Das Acetonitril wurde entfernt und die dehydrierten Gelstücke in 100 µl 5 %iger Ameisensäure aufgequollen. Die Überstände wurden erneut abgenommen, gesammelt und die Gelstücke wiederholt in 100 µl Acetonitril dehydriert. Bei allen beschriebenen Schritten wurden die Proben für 15 min mit der jeweiligen Lösung unter Schütteln inkubiert. Zum Schluss wurden die Fraktionen vereint und in der Vakuumzentrifuge bis zu einem Volumen von 4 µl einkonzentriert.

Phosphopeptid-Anreicherung

Die Anreicherung von Phosphopeptiden zur Bestimmung der Phosphorylierungsstellen innerhalb von c-Kit erfolgte durch Ga(III)-immobilisierte Metallionen Affinitätschromatographie (IMAC). Dazu wurde das *Phosphopeptide Isolation Kit* (Pierce) verwendet. Die Ga(III)-Säulen wurden 2 x mit dem 50 µl Äquilibrierungspuffer (200 mM Essigsäure, 40 % Acetonitril) gewaschen und die zu untersuchende Peptidmischung auf ein Volumen < 20 µl einkonzentriert und anschließend mit dem Äquilibrierungspuffer auf 65 µl aufgefüllt. Die Mischung wurde auf die Säule geladen und mit dieser für 5 min inkubiert, sodass die Phosphopeptide die Möglichkeit hatten, an die Matrix zu binden. Im Anschluss daran wurde die Säule mit 4 x mit 50 µl Äquilibrierungspuffer sowie 4 x mit 50 µl 200 mM Essigsäure, 95 % Acetonitril gewaschen und kurz mit Wasser gespült. Die Elution der Phosphopeptide erfolgte mit 20 µl 0,35 M Ammoniumhydroxid (pH 11,5). Das Ammoniumhydroxid Eluat wurde mit 3 µl 15 %iger Ameisensäure gesäuert und in der Vakuumzentrifuge auf ein Endvolumen von 4 µl reduziert.

LC-MS/MS-Messungen

Die LC-MS/MS-Messungen wurden soweit nicht anders angegeben mit dem nanoACQUITY UPLC System" (Waters) in Kombination mit einem QTOF2-Massenspektrometer (Waters, Micromass) durchgeführt. Die verwendete analytische Säule war eine C18-Säule (150 mm x 75 µm BEH), gepackt mit 1,7 µM großen Partikeln und einer Porengröße von 130 Å. Die LC-MS-Kopplung erfolgte mittels „Pico Tip sprayer" (New Objective) mit einem inneren Durchmesser von 10 µm. Die UPLC-MS/MS-Messungen wurden bei einer Flußrate von 400 nl/min und einer Säulentemperatur von 35 °C durchgeführt. Wurden die Proben direkt auf die analytische Säule geladen, so erfolgte eine konstante Elution mit 99 % Lösung A (Wasser, 0,1 % Ameisensäure) und 1 % Lösung B (Acetonitril, 0,1 % Ameisensäure) für 24 min. Danach wurde ein linearer Gradient von 99-70 % Lösung A innerhalb von 30 min gefahren. Bei der Verwendung einer Vorsäule (C18-Säule; Symmetrie C18, 5µm, 280 µm x 20 mm; Waters) wurden die Proben mit einer Flußrate von 10 µl/min geladen und für 11 min mit 1 % B-Lösung entsalzt. Anschließend wurden die Proben wie oben beschrieben auf einer ananlytischen Säule aufgetrennt und eluiert. Beide Massenspektrometer wurden im positiven Ionen-Modus mit einer Kapillarspannung von 2400 V und einer Konusspannung von 35 V

Material und Methoden

eingesetzt. Die Datenaufnahme erfolgte entweder im MS-Modus oder im DDA-Modus (*data dependent acquisition*), was eine zyklische Umschaltung vom MS-Modus in den MS/MS-Modus bedeutete. Dabei wurde in beiden Fällen ein Spektrum pro Sekunde aufgenommen. Im DDA-Modus wurden die drei intensivsten Ionen eines bestimmten Zeitpunktes mit unterschiedlicher Ladung für die automatische Fragmentierung ausgewählt. Je zwei MS/MS-Spektren wurden bei einer massenabhängigen Kollisionsenergie zwischen 20 V und 45 V aufgenommen.

Spezielle LC-MS-Analyse (u-TAP-Assay in Anwesenheit der Inhibitoren)

Für die MS/MS-Analysen standen im Verlauf der Arbeit sensitivere Geräte als das oben beschriebene QTOF2-Massenspektrometer (Waters Micromass) zur Verfügung. Zur Identifizierung von c-Kit Bindepartner im Rahmen der expressions-entkoppelten Tandem-Affinitätsreinigung unter Anwesenheit des Hsp90 Inhibitors 17AAG, sowie für vergleichende Untersuchungen mit aktiviertem und nicht-aktiviertem TAP-c-Kit Köderprotein wurde das QTOF Massenspektrometer von der Firma Agilent (QTOF 6530) verwendet. Dieser war an ein 1200 Agilent *nano-flow*-System durch eine HPLC-Chip ESI-Schnittstelle gekoppelt. Die Peptide wurden auf einer analytischen Säule von 75 µm Durchmesser und 150 mm Länge, sowie einer 40 nl Vorsäule aufgetrennt. Beide Säulen waren mit Zorbax 300SB C18 (5 µm Partikelgröße) gepackt. Die Elution der Peptide erfolgte mit einem linearen Acetonitril-Gradienten mit 1 % Acetonitril pro Minute, bei einer Flußrate von 300 nl/min (Beginn bei 3 % Acetonitril). Das QTOF-MS wurde im ausgedehnten dynamischen Bereich des 2 GHz-Modus betrieben. Die interne Kalibrierung erfolgte durch eine Ein-Punkt-Kalibrierung.

Die Analysen der Eluate aus dem u-TAP-Assay in An- und Abwesenheit von Imatinib erfolgten mit einem UPLC-LTQ-Orbitrap-Massenspektrometer. Die Kopplung zwischen MS und UPLC, sowie die angewendeten Gradienten wurden, wie bereits für das Waters UPLC-QTOF2-System beschrieben, ausgewählt. Die Datanaufnahme erfolgte mit „X-Calibur 2.2.1" im DDA-Modus, wobei die sechs intensivsten MS-Signale fragmentiert wurden. Die sogenannten MS-Scans wurden bei einer Auflösung von 10 000 durchgeführt.

Protein Identifizierung/Datenbanksuche

Die MS/MS-Rohdaten wurden gegen die Swiss-prot Datenbank (Version 13.08.2008) gesucht. Suchparameter waren für die sog. *survey*-Spektren: 10 ppm Abweichung (Oribtrap, Chip/MS) oder 0,5 Da (QTOF2 Daten) und eine MS/MS Toleranz von 0,5 Da. Als Standardmodifizierungen wurden folgende gewählt: Carbamidomethyl C fixiert, Deamidierungen (Asn, Gln), Glu zu Pyro-Glu (Peptid N-terminal Glu), Gln zu Pyro-Glu (Peptid N-terminal Glu), Oxidierung an Met wurden als variable Modifikationen gewählt. Ebenso wurden für Phosphopeptidstudien Phosphorylierungen an Ser, Thr und Tyr als variable Modifikation ausgewählt. Für verpasste proteolytische Schnittstellen (*missed cleavages*) wurde in allen Fällen 2 ausgewählt.

2.5.2 Bestimmung der Phosphorylierung mittels nanoESI-MS

Mittels nanoESI-MS wurden die Phosphorylierungsstellen des KDR-Substrat-Peptids im Rahmen des c-Kit Kinase-Assays (2.4.4) bestimmt. Die Phosphotyrosinreste von c-Kit wurden in allen weiteren Fällen durch Phosphopeptidanreicherung (IMAC) und anschließender MS/MS-Analyse bestimmt (2.5.1). Die zu untersuchenden Proben mussten vor der Messung mittels nanoESI-MS entsalzt werden, was mit den sogenannten *reversed phase* μC$_{18}$ Mikropipettenspitzen „ZipTips" (Millipore) erfolgte. Dazu wurden die Proben zunächst in 10 μl 2 % Ameisensäure gelöst und durch „ZipTips", wie nachfolgend beschrieben, entsalzt. Die ZipTips wurden zunächst 3 x mit 10 μl 2 % Ameisensäure, 50 % Acetonitril vorkonditioniert und anschließend 3 x mit 10 μl 2 % Ameisensäure äquilibriert. Die Proben wurden in die ZipTip-Spitze geladen und anschließend 3 x mit 10 μl 2 % Ameisensäure gewaschen, um das Salz und weitere störende Substanzen von der Probe zu entfernen. Die Elution der Peptide erfolgte mit je 3 x 10 μl 2 % Ameisensäure, 50 % Acetonitril. Das Eluat konnte nun für die nanoESI-MS/MS Analyse direkt eingesetzt werden.

Die nanoESI-Nadeln wurden im DKFZ mittels eines Kapillarziehers gezogen und mit einem sog. *Sputter* mit Gold beschichtet. Die MS-Spektren wurden mit einem QTOF-Massenspektrometer, welcher mit einer nanoESI-Quelle ausgestattet war, aufgenommen. Zur Generierung von *collision-offset-plots* (Kolissionsenergie-abhängige Fragmentspektren) wurden Kollisionsenergien zwischen 10 V und 50 V (QTOF2) angelegt, dabei wurde die Kollisionsenergie um 1 V pro Spektrum erhöht. Zur Aufnahme von Spektren im MS-Modus wurden jede 5 s ein Spektrum aufgenommen. Im DDA-Modus wurden MS-Spektren mit fünf massenspezifischen Kollisionsenergien von gesamten Peptid-Proben im Wechsel mit MS/MS-Spektrum von spezifischen Ionen aufgenommen. Die Bestimmung des Phosphorylierungsgrades erfolgte direkt durch den Intensitätsvergleich der Signale von zusammengehörenden Peptid/Phosphopeptid-Paaren. Dabei wurden alle auftretenden Ladungszustände und eventuell auftretende unvollständig gespaltenen Peptide mit der entsprechenden Phosphorylierungsstelle berücksichtigt. Gleichzeitig wurde durch einen Komplexbildnerzusatz zur Probe (Citrat) sichergestellt, dass Phosphopeptide keine unspezifische Adsorption auf dem LC-System erfahren (Seidler 2010).

3 Ergebnisse

3.1 Expression und Charakterisierung von TAP-c-Kit Wildtyp

Die im Rahmen dieser Arbeit hergestellten und verwendeten TAP-fusionierten c-Kit Proteine bestanden aus dem intrazellulären Teil des c-Kit Rezeptors (aa544-977) sowie aus dem N-terminalen TAP-tag (Abbildung4) (Knuesel 2003). Sie werden als TAP-c-Kit Wildtyp bzw. TAP-c-Kit „Mutation" bezeichnet. Die jeweilige Mutation bezieht sich numerisch auf die Aminosäuren des gesamten c-Kit-Rezeptors. Die Bezeichnung „TAP" schließt den gesamten TAP-tag, bestehend aus zwei IgG-Bindedomänen, zwei Spaltstellen für die TEV-Protease und dem Flag-Peptid, ein. Nach der proteolytischen Abspaltung der IgG-Bindedomänen werden die verkürzten Fusionsproteine als Flag-c-Kit Wildtyp bzw. Flag-c-Kit „Mutation" bezeichnet.

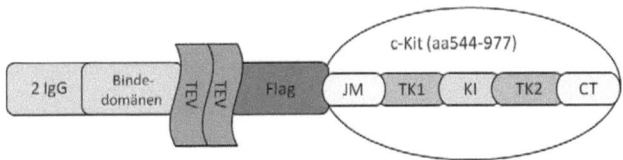

Abbildung 4: Schematische Darstellung des TAP-c-Kit Köderproteins
Das verwendete TAP-c-Kit Köderprotein bestehend aus dem TAP-tag (2 IgG-Bindedomänen, 2 TEV-Schnittstellen, Flag-Peptid) und der intrazellulären Domäne von c-Kit (aa544-977). Diese besteht aus der: JM = Juxtamembran-Domäne; TK1/2 = Tyrosinkinase-Domäne I und II; KI = Kinase *insert*-Domäne; CT = C-Terminus.

3.1.1 Expression von TAP-c-Kit Wildtyp

Die Expression des TAP-fusionierten intrazellulären Anteils des humanen c-Kit Rezeptors (TAP-c-Kit) erfolgte in Säugerzellen. Auf eine Expression in Bakterien wurde wegen der besonderen Gefahr der Bildung von Einschlusskörpern (*inclusion bodies*) bei humanen Proteinen verzichtet. Des Weiteren sollte das rekombinante Protein möglichst dem natürlich vorkommenden Protein mit all seinen Eigenschaften (Phosphorylierungsstellen, Kinaseaktivität, etc.) entsprechen, wozu ein eukaryotisches

Expressionssystem eher geeignet ist als ein prokaryotisches. Als Säugerzelllinie wurden humane embryonale Nierenfibroblasten (HEK293T-Zellen) verwendet, da sich diese leicht transfizieren und handhaben lassen. Die HEK293T-Zellen wurden, wie in Abschnitt 2.3.3 beschrieben, transient mit dem TAP-c-Kit Plasmid transfiziert. Das rekombinante Protein wurde dabei unter der Kontrolle des *Cytomegalovirus* (CMV)-Promotors exprimiert. Das TAP-c-Kit Fusionsprotein hat ein errechnetes Molekulargewicht von 69,5 kDa, wobei der intrazelluläre Teil des c-Kit Rezeptors ein Molekulargewicht von 47,6 kDa und der TAP-tag eines von 22,9 kDa besitzt.

Um sicherzustellen, dass sich das rekombinante TAP-c-Kit Protein in HEK293T-Zellen exprimieren lässt und beispielsweise keiner proteolytischen Degradierung unterliegt, wurde die Expression zunächst in kleinem Maßstab überprüft. Dazu wurden die Zellen 24 h, 48 h und 72 h nach der Transfektion geerntet und lysiert (2.4.1). Äquivalente Proteinmengen der Zelllysate wurden gelelektrophoretisch aufgetrennt und durch Western Blot Analyse mittels anti-c-Kit Antikörper detektiert (Abbildung 5). Bei der Detektion der TAP-c-Kit Proteine (Wildtyp und Mutanten) im Western Blot traten Doppelbanden mit einem Massenunterschied von etwa 5 kDa auf (in Abbildung 5 nur schwach zu sehen). Dabei entsprach die untere, stärkere Bande dem errechneten Molekulargewicht von 69,5 kDa. Das Auftreten dieser Doppelbanden bei der Expression von TAP-fusionierten katalytischen Untereinheiten der PKA wurde in der Dissertation von A. Erlbruch erstmals beobachtet. Untersuchungen diesbezüglich ergaben, dass das Auftreten der Doppelbande wahrscheinlich auf die im TAP-tag enthaltene(n) IgG-Bindedomäne(n) zurückzuführen war. Die Anzahl dieser Domänen spielte allerdings keine Rolle, da Untersuchungen mit nur einer IgG-Bindedomäne im TAP-tag ebenfalls diese Doppelbanden im Western Blot zeigten. Im Rahmen dieser Arbeit konnte analog zur Arbeit von A. Erlbruch gezeigt werden, dass nach Abspaltung der IgG-Bindedomänen von TAP-c-Kit mittels TEV-Protease nur eine Bande (Flag-c-Kit) im Western Blot detektierbar war (Daten nicht gezeigt). Diese Tatsache führte zu dem Befund, dass die IgG-Bindedomänen für die Doppelbanden verantwortlich waren, der verwendete TAP-tag aber dennoch in seiner Funktion nicht eingeschränkt war. Im Western Blot waren auch bei längerer Expressionsdauer keine Degradationsprodukte zu sehen. Alle Proteinbanden waren unabhängig von der Expressionsdauer (24 h, 48 h, 72 h) auf gleicher Molekulargewichtshöhe. Das Protein erwies sich somit auch über einen Zeitraum von mindestens 72 h als exprimierbar und stabil. Die Proteinmenge an TAP-c-Kit Wildtyp nahm erwartungsgemäß mit der Dauer der Expression zu. Da die HEK293T-Zellen jedoch 72 h nach der Transfektion morphologisch verändert aussahen, wurde das Köderprotein in allen folgenden Versuchen über einen Zeitraum von 48 h exprimiert.

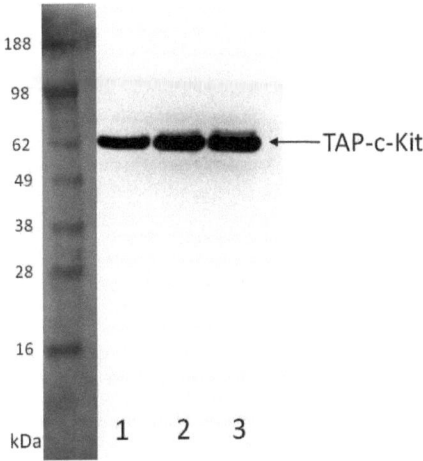

Abbildung 5: Western Blot Analyse der TAP-c-Kit Wildtyp Testexpression in HEK293T-Zellen.
Die Durchführung der Testexpression des TAP-c-Kit Wildtyps sowie die sich daran anschließende Western Blot Analyse erfolgte entsprechend den Angaben in Material und Methoden (2.3.4 und 2.4.11). Äquivalente Gesamtproteinmengen wurden pro Spur aufgetragen. Der Western Blot wurde mit anti-c-Kit Antikörper gefärbt. Der Ausschnitt zeigt die TAP-c-Kit-Banden: Spur 1: 24h Expression, Spur 2: 48 h Expression und Spur 3: 72 h Expression.

Mittels LC-MS/MS-Analyse wurde sowohl das erste, als auch das letzte Peptid von Flag-c-Kit gefunden, weshalb davon auszugehen war, dass das verwendete Fusionsprotein vollständig exprimiert wurde (Abbildung 6). Die Sequenzabdeckung betrug zwischen 60 und 80 % und die Anzahl der proteotypischen Peptide lag zwischen 20-30, was beides als hoch anzusehen ist.

```
TVDAGADAGK  PRHMNSRIDT  MDYKDDDDKG  RQTYKYLQKP  MYEVQWKVVE
EINGNNYVYI  DPTQLPYDHK  WEFPRNRLSF  GKTLGAGAFG  KVVEATAYGL
IKSDAAMTVA  VKMLKPSAHL  TEREALMSEL  KVLSYLGNHM  NIVNLLGACT
IGGPTLVITE  YCCYGDLLNF  LRRKRDSFIC  SKQEDHAEAA  LYKNLLHSKE
SSCSDSTNEY  MDMKPGVSYV  VPTKADKRRS  VRIGSYIERD  VTPAIMEDDE
LALDLEDLLS  FSYQVAKGMA  FLASKNCIHR  DLAARNILLT  HGRITKICDF
GLARDIKNDS  NYVVKGNARL  PVKWMAPESI  FNCVYTFESD  VWSYGIFLWE
LFSLGSSPYP  GMPVDSKFYK  MIKEGFRMLS  PEHAPAEMYD  IMKTCWDADP
LKRPTFKQIV  QLIEKQISES  TNHIYSNLAN  CSPNRQKPVV  DHSVRINSVG
STASSSQPLL  VHDDV  c-Kit aa544-977
```

Abbildung 6: Sequenzabdeckung von Flag-c-Kit Wildtyp mittels LC-MS/MS-Analyse. Die Identifizierung von Flag-c-Kit mittels LC-MS/MS-Analyse wurde wie in 2.5.1 beschrieben durchgeführt. Die rot-markierten Peptide konnten massenspektrometrisch identifiziert werden. Die schwarze Umrahmung stellt den intrazellulären Teil des c-Kit Rezeptors dar (aa544-977).

3.1.2 Charakterisierung von TAP-c-Kit Wildtyp

Die expressions-entkoppelte Tandem-Affinitätsreinigung (u-TAP) wurde im Rahmen dieser Arbeit für die Rezeptortyrosinkinase c-Kit Wildtyp etabliert (3.3.1). Bei der u-TAP-Methode wird das Köderprotein exprimiert, aufgereinigt und anschließend zum zu untersuchenden Zelllysat gegeben. Ein Vorteil dieser Form der Tandem-Affinitätsreinigung ist die genaue Charakterisierbarkeit des Köderproteins. Zunächst wurde die Funktionalität des TAP-tags im TAP-c-Kit Wildtyp Köderprotein vollständig überprüft (3.1.3). Im Weiteren wurden die Phosphorylierungsstellen in TAP-c-Kit massenspektrometrisch bestimmt. Da TAP-c-Kit Wildtyp nicht phosphoryliert vorlag wurde die Kinase mit ATP und $MgCl_2$ in vitro phosphoryliert (3.1.5). Die Kinaseaktivität von c-Kit und deren Hemmung mit Inhibitoren konnte ebenfalls bestimmt werden (3.1.6). Des Weiteren wurden die mutierten, mit GIST-assoziierten TAP-c-Kit Köderproteine charakterisiert, siehe Abschnittt 3.2.3.

3.1.3 Funktionalität des TAP-tags

Der TAP-tag muss im Verlauf der Tandem-Affinitätsreinigung vier Anforderungen genügen. Die Bindung an die IgG-Matrix über die beiden IgG-Bindedomänen muss gewährleistet sein. Zur Abspaltung der IgG-Bindedomänen und damit zur Elution des Köderproteins muss das Fusionsprotein mittels TEV-Protease spaltbar sein. Die TEV-Spaltung erfolgt an der für die TEV-Protease definierten Konsensussequenz (E-X-X-Y-X-Q-(G/S)) (Carrington und Dougherty, 1987 und 1988) zwischen den IgG-Bindedomänen und dem Flag-Peptid. Innerhalb der Konsensussequenz findet die Proteolyse zwischen Gln und Gly bzw. zwischen Gln und Ser statt. Im weiteren Verlauf muss das Flag-Peptid für die zweite Affinitätsreinigung an die anti-Flag-Matrix binden und letztendlich durch Zugabe von freiem Flag-Peptid, wieder von dieser eluierbar sein.

Um zu überprüfen, ob TAP-c-Kit Wildtyp die oben genannten Anforderungen erfüllt, wurde die Tandem-Affinitätsreinigung (2.4.5) durchgeführt (Abbildung 7). Die Qualität dieser Reinigungsmethode ist in Abschnitt 3.1.4 beschrieben. Zunächst wurden die Bindung von TAP-c-Kit an die IgG-Matrix und die Eluierbarkeit von Flag-c-Kit nach TEV-Spaltung mittels Western Blot Analyse mit einem anti-Flag-tag Antikörper nachgewiesen (Abbildung 7 A). Im HEK293T-Zelllysat liegt TAP-c-Kit Wildtyp als rund 70 kDa großes Protein vor (Spur 1). Nach Inkubation des Lysats mit der IgG-Matrix (60 min, 4 °C) und anschließender TEV-Protease-Behandlung (16 °C, 60 min) konnte ein Protein im Eluat (Spur 2) detektiert werden, dessen Größe gut mit dem berechneten Molekulargewicht von Flag-c-Kit (47,6 kDa) übereinstimmt. Der beobachtete Massenunterschied lässt sich mit der Abspaltung der 18,3 kDa großen IgG-Bindedomänen erklären. Dass es sich bei dem eluierten Protein um Flag-c-Kit handelt, wurde zusätzlich durch eine MS/MS-Analyse bestätigt, in der das erste Peptid von Flag-c-Kit identifiziert wurde (TVDAGADAGKPR). Anhand der Aminosäuresequenz wird außerdem deutlich, dass die TEV-Spaltung spezifisch an der Konsensussequenz stattgefunden hat. Die weiteren Anforderungen des TAP-tags, nämlich die Bindung von Flag-c-Kit an die anti-Flag-Matrix und die anschließende kompetitve Elution mit freiem Flag-Peptid konnten ebenfalls gezeigt werden (Abbildung 7 B). Hierzu wurde das Eluat der IgG-Matrix nach TEV-Protease-Behandlung mit der anti-Flag-Matrix inkubiert und nach dem Waschen der Matrix mit freiem Flag-Peptid eluiert. Die Proteinzusammensetzung des Eluats wurde per SDS-PAGE analysiert. Nach der Reinigung über die anti-Flag-Matrix war keinerlei Hintergrund mehr zu erkennen, Flag-c-Kit war demnach hoch rein. Es konnte somit gezeigt werden, dass der verwendete TAP-tag im TAP-c-Kit Wildtyp Fusionsprotein voll funktionsfähig war. Rekombinantes TAP-c-Kit kann somit als Köderprotein in der Tandem-Affinitätsreinigung eingesetzt werden, um Bindepartner von c-Kit zu identifizieren.

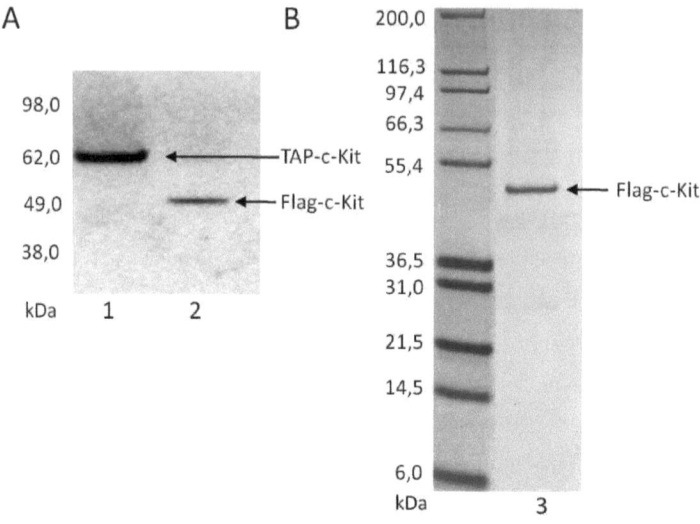

Abbildung 7: Funktionalität des TAP-tags von c-Kit Wildtyp
A: Western Blot Analyse mit einem anti-Flag-tag Antikörper. Spur 1: Gesamtzelllysat von TAP-c-Kit Wildtyp transfizierten Zellen. Zu sehen ist die Bande von TAP-c-Kit, Spur 2: Eluat nach Inkubation mit der IgG-Matrix und der TEV-Protease. Zu sehen ist die Bande von Flag-c-Kit. **B**: SDS-PAGE; Spur 3: Elutionsfraktion nach der Aufreinigung mit der anti-Flag-Matrix und kompetitiver Elution mit freiem Flag-Peptid. Die stärkste Bande stellt das Flag-c-Kit Protein dar.

3.1.4 Reinheit der Tandem-Affinitätsreinigung

Die Tandem-Affinitätsreinigung ist eine zweistufige chromatographische Reinigungsmethode und hat im Vergleich zu einstufigen Reinigungsmethoden den Vorteil einer deutlichen Hintergrundreduzierung. Im Rahmen dieser Arbeit wurde die klassische TAP-Reinigung für c-Kit Wildtyp angewandt, vorwiegend als Qualitätskontrolle und damit als Vorversuch zur Etablierung der expressions-entkoppelten TAP-Methode (3.3.1). Für das TAP-fusionierte c-Kit Wildtyp-Protein wurde diese Reinigung, wie in 2.4.5

beschrieben, durchgeführt. Die hohe Qualität der angewandten Tandem-Affinitätsreinigung war durch eine deutliche Reduktion des Hintergrundes im Verlauf der beiden chromatographischen Schritte und der TEV-Spaltung gegeben (Abbildung 8). Der erste chromatographische Schritt erfolgte durch die Bindung des Köderproteins an die IgG-Matrix. In Abbildung 8 A sind die Waschfraktionen (Spur 1-8) nach Inkubation des Köderproteins mit der IgG-Matrix dargestellt. Es ist deutlich zu erkennen, dass sich der Hintergrund im Verlauf der Waschschritte reduziert und die letzte Waschfraktion (Spur 8) nahezu rein ist. Nach der anschließenden TEV-Spaltung (Abbildung 8 B) war Flag-c-Kit Wildtyp die prominenteste Bande im Eluat, jedoch waren die TEV-Protease, die IgG-Ketten des Säulenmaterials, sowie Hsp70 und Albumin an das Protein gebunden. Die nachfolgende zweite chromatographische Reinigung über die anti-Flag-Matrix führte zu einer deutlichen Reduktion des Hintergrundes, die Waschfraktionen zeigten nahezu kein Signal mehr (Abbildung 8 C, Banden 1-6). Durch Elution mit freiem Flag-Peptid konnte hochreines Flag-c-Kit Wildtyp isoliert werden (Banden 7 und 8).

Ergebnisse

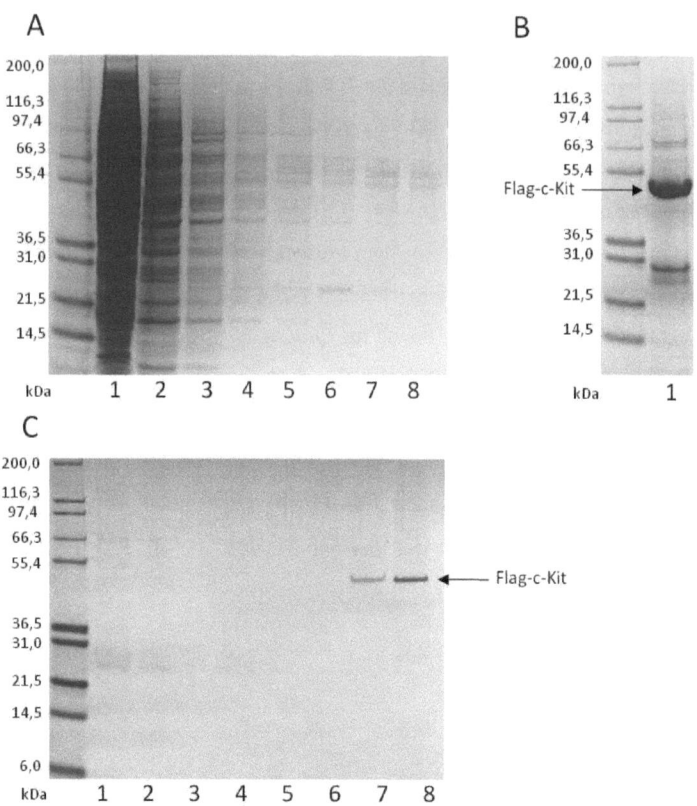

Abbildung 8: Tandem-Affinitätsreinigung von TAP-c-Kit Wildtyp

Die Tandem-Affinitätsreinigung wurde mit dem TAP-c-Kit Wildtyp Köderprotein aus HEK293T-Zellen durchgeführt. Zunächst erfolgte die Bindung an die IgG-Matrix, dann die Abspaltung der IgG-Bindedomänen mit der TEV-Protease und anschließend die Reinigung über die anti-Flag-Matrix. **A**: Reinigung von TAP-c-Kit Wildtyp über die IgG-Matrix; Spuren 1-8: Waschfraktionen 1-8 (TEV20-Puffer). **B**: Flag-c-Kit Wildtyp nach der TEV-Spaltung **C**: Reinigung von Flag-c-Kit Wildtyp über die anti-Flag-Matrix. Spuren 1-6: Waschfraktionen 1-6 (TMN50-Puffer).

3.1.5 Autophosphorylierung von c-Kit Wildtyp

Die Signalübertragung von endogenem c-Kit wird maßgeblich durch dessen Phosphorylierungsstatus bestimmt. Aktivierung und Autophosphorylierung der Rezeptortyrosinkinase erfolgen intrinsisch durch Stimulation des extrazellulären Teils.

Dabei bindet der Ligand SCF an die IgG-Domäne im extrazellulären Teil, dies führt zur Rezeptor-Dimerisierung und *trans*-Autophosphorylierung von c-Kit. Das im Rahmen dieser Arbeit verwendete TAP-c-Kit Köderprotein umfasste jedoch lediglich den intrazellulären Teil des Rezeptors. Wie erwartet lag TAP-c-Kit nach der Expression in HEK293T-Zellen nicht Tyrosin-phosphoryliert vor. Durch Phosphoprotein-Färbung mit „Pro-Q Diamond"-Lösung (2.4.10) konnte zwar ein Signal auf der Molekulargewichtshöhe von Flag-c-Kit detektiert werden, jedoch ergab die MS-Analyse, dass es sich hierbei lediglich um ein phosphoryliertes Serin (Ser959) handelte. TAP-c-Kit Wildtyp sollte als Köderprotein im u TAP-Assay eingesetzt werden, um Interaktionspartner von c-Kit und im Besonderen auch Signalproteine zu identifizieren. Da phosphorylierte Tyrosinreste wichtige Andockstellen für die Bindung von Signalproteinen an c-Kit sind, wurde das Köderprotein *in vitro* phosphoryliert.

Autophosphorylierungsstellen von c-Kit Wildtyp

Das rekombinante TAP-c-Kit Wildtyp-Protein wurde über die IgG-Matrix aufgereinigt und matrixgebunden mit 10 mM $MgCl_2$ und 5 mM ATP *in vitro* phosphoryliert (2.4.3). Anschließend wurden die IgG-Bindedomänen von TAP-c-Kit mittels TEV-Protease abgespalten und eluiertes Flag-c-Kit massenspektrometisch auf Phosphorylierungsstellen hin untersucht (2.5.1). In Abbildung 9 sind die identifizierten Phosphotyrosinreste von c-Kit Wildtyp schematisch dargestellt, die identifizierten Phosphopeptide sind in Tabelle 6 aufgelistet. Ohne Zugabe von $MgCl_2$/ATP lag c-Kit Wildtyp nicht Tyrosin-phosphoryliert vor. Bereits nach einer 10-minütigen Inkubation mit $MgCl_2$/ATP konnten neun Phosphorylierungsstellen in c-Kit identifiziert werden. Diese Phosphorylierungsstellen befanden sich in der Juxtamembran-Domäne (pTyr-547, pTyr-553, pTyr-568, pTyr-570), in der Kinase *insert*-Domäne (pTyr-703, pTyr-721, pTyr-730, pTyr-747) und im C-Terminus (pTyr-936) von c-Kit. Die Hauptautophosphorylierungsstellen sind Tyr-568 und Tyr-570 in der Juxtamembran-Region von c-Kit. Liegen diese Stellen in phosphorylierter Form vor, nimmt die Kinase ihre aktive Konformation an und die *trans*-Autophosphorylierungsreaktion beginnt (Mol 2004). Da diese Stellen bereits phosphoryliert vorlagen, war davon auszugehen, dass die Kinase bereits ihre aktive Konformation angenommen hatte. Die *trans*-Autophosphorylierungsreaktion hatte bereits begonnen, da weitere

Phosphotyrosinreste vorlagen. Bei längerer Inkubationsdauer nahm der Grad der Phosphorylierung zu und ab einer 30-minütigen Inkubation mit MgCl$_2$/ATP konnte eine weitere pTyr-Stelle (pTyr-823) identifiziert werden. Dabei gilt pTyr-823 im *activation loop* von c-Kit als das letzte Tyrosin, das in der Phosphorylierungskette phosphoryliert wird (Mol 2003).

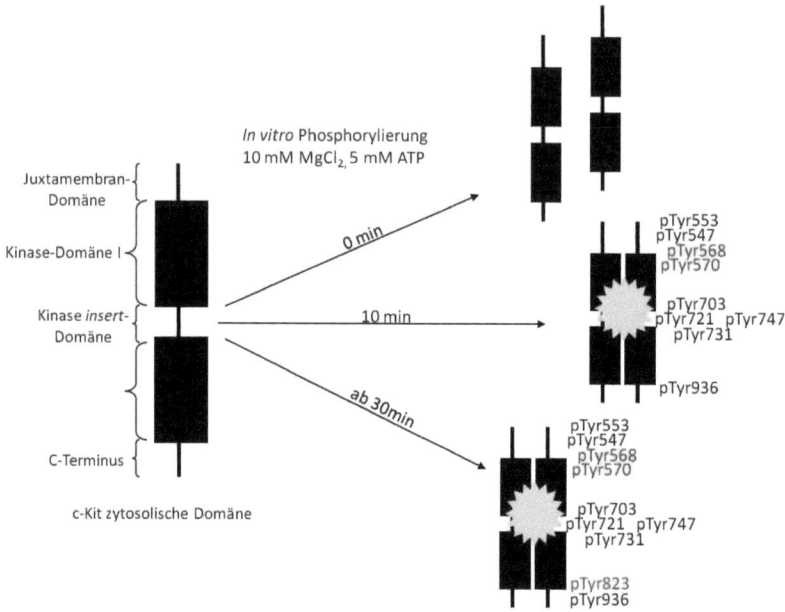

Abbildung 9: *In vitro* Phosphorylierung von c-Kit Wildtyp

Die *in vitro* Phospohorylierungsreaktion wurde mit aufgereinigtem, IgG-Matrix-gebundenen c-Kit Wildtyp durch Inkubation mit 10 mM MgCl$_2$ und 5 mM ATP durchgeführt. Ohne Zugabe von ATP/MgCl$_2$ wies das Köderprotein keinerlei Phosphotyrosinstellen auf. Bereits nach einer 10 minütigen Inkubationsdauer mit ATP/MgCl$_2$ lagen neun der zehn identifizierbaren Tyrosinstellen phosphoryliert vor, wenn auch teilweise mit einem niedrigen Phosphorylierungsgrad. Nach einer ATP/MgCl$_2$ Inkubationsdauer von mehr als 30 min konnte zusätzlich pTyr-823 massenspektrometrisch identifiziert werden.

Tabelle 6: Identifizierte Phosphopeptide innerhalb von Flag-c-Kit Wildtyp

pTyr-Rest	Identifiziertes Peptid
547	pYLQKPMYEVQWK
553	YLQKPMpYEVQWK
568	VVEEINGNNpYVYIDPTQLPYDHK
570	VVEEINGNNYVpYIDPTQLPYDHK
703	QEDHAEAALpYK
721	ESSCSDSTNEpYMDMKPGVSYVVPTK
730	ESSCSDSTNEYMDMKPGVSpYVVPTK
747	IGSpYIER
823	DIKNDSNpYVVK
936	QISESTNHIpYSNLANCSPNR

Kinetik der *in vitro* Autophosphorylierung von c-Kit Wildtyp

Neben der Identifizierung der Phosphotyrosinstellen der c-Kit Kinase wurde die Kinetik der einzelnen Phosphorylierungsstellen bestimmt, um Aufschluss über den zeitlichen Verlauf der Phosphorylierungsstellen zu bekommen. Über einen Zeitraum von 180 min wurden während einer *in vitro* Phosphorylierung die Veränderungen der Phosphorylierungsmuster jedes einzelnen Tyrosinrestes innerhalb der c-Kit Kinase bestimmt. Dazu wurde TAP-c-Kit Wildtyp wie in 2.4.3 beschrieben über dessen IgG-Bindedomäne aufgereinigt und mit 10 mM $MgCl_2$ und 5 mM ATP bei Raumtemperatur inkubiert. Nach 10 min, 30 min, 60 min, 90 min, 120 min und 180 min Inkubation wurden gleiche Volumina an TAP-c-Kit-gebundenem IgG-Material entnommen, gewaschen und Flag-c-Kit wurde durch TEV-Spaltung (60 min, 16 °C) eluiert. Um zu überprüfen, ob sich die Kinase bei Raumtemperatur auch ohne Zugabe von $MgCl_2$/ATP autophosphoryliert, wurde eine Probe für 180 min ohne Zugabe von $MgCl_2$/ATP inkubiert. Nach gelelektrophoretischer Auftrennung aller Proben wurden die jeweiligen Phosphorylierungsgrade der einzelnen Tyrosinreste massenspektrometrisch bestimmt (2.5.1). Die Phosphorylierungskinetik der einzelnen Tyrosinreste ist in Abbildung 10, über einen Zeitraum von 180 min, gezeigt. Die Probe, die ohne $MgCl_2$/ATP inkubiert wurde, zeigte keinerlei Tyrosinphosphorylierung und ist deshalb nicht im Diagramm dargestellt. Im Rahmen der zeitabhängigen *in vitro* Phosphorylierung von c-Kit Wildtyp konnten die bereits oben beschriebenen zehn Tyrosinphosphorylierungsstellen und ein Phosphoserinrest gefunden werden. Alle zehn Tyrosinreste zeigten einen zeitabhängigen Anstieg in ihrem Phosphorylierungsgrad, wohingegen die Phosphorylierung des Serins mit der Zeit leicht abnahm. Die Geschwindigkeiten der Phosphorylierungszunahme sowie die Endwerte nach 180 min waren für jeden Tyrosinrest unterschiedlich. Bereits nach 10-minütiger Inkubation mit $MgCl_2$/ATP waren die in der Juxtamembran liegenden Hauptautophosphorylierungsstellen, pTyr-568 und pTyr-570 zu 50 % bzw. zu 20 % phosphoryliert. Die Tyrosinreste Tyr-721, Tyr-703 und Tyr-730 zeigten ebenfalls eine starke Phosphorylierung nach 10 min (57 %, 33 %, 23 %). Diese drei Tyrosinreste befinden sich alle in der Kinase *insert*-Domäne von c-Kit und sind Andockstellen für wichtige Signalproteine, wie Grb2 (pTyr-703) und p85 (pTyr-721) und PLCγ (pTyr-730). Grb2 ist dabei wichtig für die Regulation des MAP-Kinase Signalweges und p85 ist die regulatorische Untereinheit der PI3-Kinase, die wiederum weitere Signalproteine wie Akt aktivieren kann. Die weiteren Tyrosinreste Tyr-553, Tyr-747 und Tyr-936 waren nach 10 min nur zu 5-10 % phosphoryliert. pTyr-936 ist ebenfalls eine Andockstelle für das Signalprotein *Grb2*. Tyr-823 lag nach 10 min nahezu gar nicht phosphoryliert (2 %) vor. Tyr-823 befindet sich im *activation loop* von c-Kit und wird als letzter Rest in der trans-Autophosphorylierungsreaktion von c-Kit phosphoryliert (Mol 2004). Nach etwa 90 min verlangsamte sich die Phosphorylierungsreaktion, die jeweiligen Phosphorylierunsgrade stiegen nur noch leicht an, manche zeigten eine schwache Abnahme. Die Endwerte des Phosphorylierungsgrades der einzelnen Tyrosine waren deutlich unterschiedlich, sie lagen zwischen 92 % und 12 %. Dabei zeigten pTyr-568 und pTyr-703 einen Phosphorylierungsgrad von mehr als 90 %, wohingegen pTyr-823 nur zu 12 % phosphoryliert vorlag. Die übrigen Tyrosinreste waren zwischen 34 % und 76 % phosphoryliert.

Ergebnisse

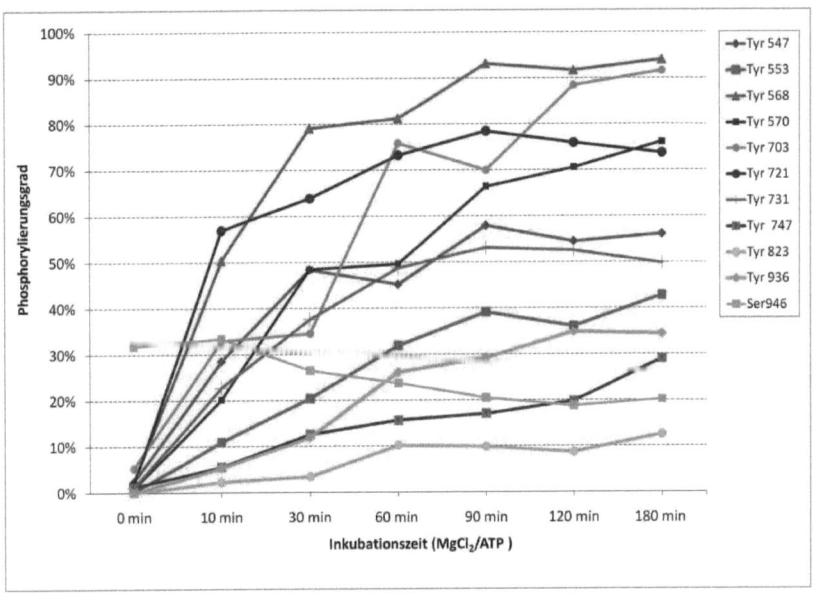

Abbildung 10: *In vitro* Autophosphorylierungskinetik von c-Kit Wildtyp

TAP-c-Kit Wildtyp wurde durch Bindung an die IgG-Matrix aufgereinigt (2.4.3) und durch Inkubation mit 10 mM $MgCl_2$ und 5 mM ATP *in vitro* phosphoryliert. Zur Bestimmung der Kinetik der einzelnen Phosphorylierungsstellen wurden Proben im Zeitraum bis 180 min entnommen, die Reaktion durch Waschen mit TEV20-Puffer gestoppt und das Protein durch Abspaltung der IgG-Bindedomäne mittels TEV-Protease eluiert. Die Phosphorylierungsstellen wurden massenspektrometrisch bestimmt (2.5.1) und der Grad der Phosphorylierung ermittelt. Es konnten zehn Tyrosin- und eine Serinphosphorylierungsstelle identifiziert werden. Die Phosphorylierung der einzelnen Reste erfolgte mit verschiedenen Geschwindigkeiten und resultierte in unterschiedlichen Phosphorylierungsgraden nach 180 min.

3.1.6 Kinaseaktivität von c-Kit Wildtyp

Für die spätere umfassende Identifikation von c-Kit Bindepartnern mag es von Bedeutung sein, dass die rekombinant exprimierte Kinase ähnliche Eigenschaften wie das endogene Enzym aufweist. Zur Bestimmung, ob das rekombinante c-Kit enzymatisch aktiv vorliegt und neben der *trans*-Autophosphorylierung weitere Substrate phosphorylieren kann, wurde ein Kinase-Assay durchgeführt. Die Bestimmung der Kinaseaktivität von unphosphoryliertem und *in vitro* phosphoryliertem Flag-c-Kit Wildtyp erfolgte in Anwesenheit von MgCl$_2$ und ATP (2.4.4). Als Kinase Substrat wurde ein Peptid aus der Kinase-Domäne des *kinase insert domain receptors* (KDR) eingesetzt. Dieses Peptid enthält einen Tyrosinrest (Tyr-966), der durch c-Kit phosphoryliert werden kann (Angaben des Herstellers, Cell Signaling). Sowohl c-Kit als auch KDR gehören zur Klasse III der Rezeptortyrosinkinasen, weshalb davon auszugehen war, dass das KDR-Peptid als Modell-Substrat für die intrinsisch vorkommende Rezeptor-Dimerisierung und Autophosphorylierung diente. Die Analyse der Substratphosphorylierung erfolgte mittels nanoESI-MS (2.5.2). Im Weiteren sollte im Rahmen dieser Untersuchungen die Wirkung der beiden Kinase-Inhibitoren Imatinib und Sunitinib auf die Kinaseaktivität von c-Kit getestet werden. Die Ergebnisse der Aktivitätsmessungen sind in Tabelle 7 dargestellt. Beim Einsatz von *in vitro* phosphoryliertem Flag-c-Kit (120 min, vgl. 2.4.3), welches das bereits beschriebene Phosphorylierungsmuster aufwies (3.1.5), wurde keine Substratphosphorylierung beobachtet. Eine Phosphorylierung von Tyr-966 innerhalb des KDR-Peptids konnte nur dann gemessen werden, wenn Flag-c-Kit Wildtyp im unphosphorylierten Zustand zum Reaktionsansatz gegeben wurde. Bei einer zuvor durchgeführten Initiierung der *in vitro* Phosphorylierung kommt es zur Autophosphorylierung und Flag-c-Kit ist daher vermutlich dann nicht mehr in der Lage, das Substrat zu phosphorylieren. Die Zugabe von Imatinib und Sunitinib wirkt inhibitorisch auf die Kinaseaktivität von Flag-c-Kit, das KDR-Peptid blieb unphosphoryliert. Da in Abwesenheit von Flag-c-Kit keine Substratphosphorylierung auftrat, war davon auszugehen, dass Flag-c-Kit mit hoher Wahrscheinlichkeit die phosphorylierende Kinase war. Beim Einsatz von aktiviertem c-Kit Wildtyp für Untersuchungen im Rahmen dieser Arbeit war also nicht davon auszugehen, dass weitere Kinasen durch c-Kit posphoryliert werden.

Tabelle 7: Bestimmung der Kinaseaktivität von Flag-c-Kit Wildtyp

Protein	in vitro Phosphorylierung	Inhibitor	Substrat-phosphorylierung (KDR pTyr-966)
Flag-c-Kit Wildtyp	JA	-	NEIN
Flag-c-Kit Wildtyp	JA	Imatinib	NEIN
Flag-c-Kit Wildtyp	JA	Sunitinib	NEIN
Flag-c-Kit Wildtyp	NEIN	-	JA
Flag-c-Kit Wildtyp	NEIN	Imatinib	NEIN
Flag-c-Kit Wildtyp	NEIN	Sunitinib	NEIN
-	-	-	NEIN

3.2 Expression und Charakterisierung von c-Kit Mutanten

3.2.1 Auswahl der c-Kit Mutationen

Bei 88 % der GIS-Tumore ist eine aktivierende Mutation im c-Kit Rezeptor die Ursache für deren Entstehung (Hirota 1998). Primäre Mutationen können sowohl im extrazellulären Bereich (5-13 %), in der Juxtamembran-Domäne (75-85 %) oder sehr selten in der Kinase-Domäne I oder II (jeweils 1-4 %) von c-Kit auftreten. Sekundäre Mutationen im *activation loop* (Kinase-Domäne II) von c-Kit treten bei Imatinib-Resistenz auf und gelten als deren Ursache (Antonescu 2005) (Abbildung 11). Für die Untersuchungen im Rahmen dieser Arbeit wurden die klinisch relevantesten, mit GIST-assoziierten, c-Kit Mutationen ausgewählt und als TAP-fusionierte Köderproteine exprimiert. Ferner sollte auch der molekulare Mechanismus der Imatinib-Resistenz näher untersucht werden, weshalb nachfolgende c-Kit Mutanten ausgewählt wurden: V560D_D820A; del557,558_Y823D; D820A. Des Weiteren ist bekannt, dass sich Zellen mit verschiedenen primären c-Kit Mutationen in ihrer Antwort auf bestimmte Tyrosinkinase-Inhibitoren unterscheiden, indem sie zum Beispiel eine schnelle Resistenz entwickeln oder gar keine Reaktion auf den jeweiligen Inhibitor zeigen. Zum molekularen Verständnis dieses Phänomens wurden auch hier die prominentesten c-Kit Mutationen ausgewählt: del557,558; V560D; V559D; del559; K642E. Zusätzlich wurde die mit Melanomen assoziierte c-Kit Mutation L576P untersucht. Sie ist die häufigste c-Kit Mutation in Melanomen (30-40 %) und zeigt bei der Behandlung mit Imatinib *in vitro* (Zelllinie) keine Sensitivität (Woodman 2009). Im Rahmen dieser Arbeit wurden die genannten TAP-c-Kit Mutanten mittels verkürzter Tandem-Affinitätsreinigung und Immunopräzipitation auf deren Bindepartner hin untersucht.

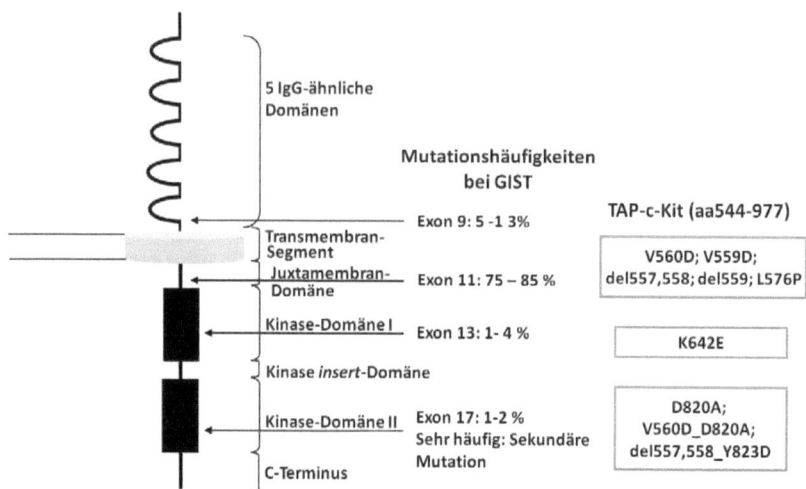

Abbildung 11: Mutationshäufigkeit in der Rezeptortyrosinkinase c-Kit bei GIS-Tumoren

Schematische Darstellung eines Monomers der Rezeptortyrosinkinase c-Kit, bestehend aus der extrazellulären Domäne, der Tansmembran-Domäne und dem intrazellulären Bereich. GIST-assoziierte primäre Mutationen treten zu 5-13 % in der extrazellulären Domäne (Exon 9), zu 75-85 % in der Juxtamembran-Domäne, zu 1-4 % in der Kinase-Domäne I und zu 1-2 % im *activation loop* der Kinase-Domäne II. Sekundäre Mutationen treten vorwiegend in diesem Bereich auf. Im Rahmen dieser Arbeit wurde der intrazelluläre Teil von c-Kit (aa544-977) mit einem TAP-tag versehen und direkt als Wildtyp eingesetzt, außerdem wurden die TAP-fusionierten c-Kit Mutanten del557,558; del559; V559; V560D; L576P,K642E; V560D_D820A; del557,888 und D820A generiert.

3.2.2 Expression von mutierten TAP-c-Kit Proteinen

Die TAP-fusionierten c-Kit Mutanten wurden, wie in 2.2.8 beschrieben, durch ortsgerichtete Mutagenese mit der Matrize TAP-c-Kit Wildtyp generiert. Die mutierten c-Kit Proteine bestanden, entsprechend dem Wildtyp, aus dem intrazellulären Teil des c-Kit Rezeptors (aa544-977) sowie dem TAP-tag und wurden unter der Kontrolle des

Cytomegalovirus (CMV)-Promotors in Säugerzellen (HEK293T-Zellen) exprimiert. Die Expression der mutierten Proteine erfolgte ebenfalls zunächst in kleinem Maßstab, um geeignete Expressionsbedingungen zu finden und Proteindegradation auszuschließen. Hierzu wurden Zelllysate aus TAP-c-Kit Mutanten exprimierenden HEK293T-Zellen hergestellt, äquivalente Mengen gelelektrophoretisch aufgetrennt (2.4.1, 2.4.10) und im Western Blot mit einem anti-β-Aktin Antikörper analysiert (2.4.11). Aufgrund der IgG-Bindedomänen der TAP-tags, die vom Zweitantikörper erkannt werden, waren sowohl die TAP-c-Kit Mutanten als auch β-Aktin im Western Blot zu sehen. Abbildung 12 zeigt einen Western Blot mit den TAP-c-Kit Mutanten K642E, V560D, V560D_D820A und D820A, sowie dem TAP-tag, welches im u-TAP-Assay als Kontrollprotein diente. Nicht abgebildet sind die c-Kit Mutanten V559D, del557,558, del559, L576P und del557,558_Y823D, diese zeigten dasselbe Expressionsprofil wie die in Abbildung 12 dargestellten Mutanten. Wie auch schon bei der Analyse von c-Kit Wildtyp im Western Blot beobachtet, traten auch bei der Expression der c-Kit Mutanten Doppelbanden auf. Auch hier entsprachen die unteren Proteinbanden der TAP-c-Kit Mutanten dem errechneten Molekulargewicht von 69,5 kDa. Es war wie beim Wildtyp wieder davon auszugehen, dass die IgG-Bindedomänen im TAP-tag ursächlich für die Doppelbanden sind, da nach deren Abspaltung jeweils nur eine Flag-c-Kit Bande im Western Blot detektiert werden konnte (Daten nicht gezeigt). Bei der Analyse des TAP-tag Kontrollproteins im Western Blot zeigte sich ebenfalls eine Doppelbande mit einem Massenunterschied der Einzelbanden von ~ 5 kDa (Abbildung 12). Allerdings wich das beobachtete Molekulargewicht von ~ 28 kDa für die stärkere Bande und ~ 33 kDa für die schwächere Bande von dem für das Kontrollprotein errechneten Molekulargewicht von 21 kDa ab. Durch MS/MS-Analyse konnten die mutationsspezifischen Peptide innerhalb der rekombinanten Flag-c-Kit Mutanten identifiziert werden (Tabelle 8). Des Weiteren wurde eine hohe Anzahl an Peptiden (Sequenzabdeckung 65-80 %) und zusätzlich das erste und letzte Peptid in der Sequenz von Flag-c-Kit gefunden, was für eine vollständige Expression der c-Kit Mutanten spricht. Zusätzlich konnte durch Western Blot Analyse eine Degradierung von c-Kit ausgeschlossen werden (Daten nicht gezeigt). Zusammenfassend lässt sich festhalten, dass alle mutierten TAP-c-Kit Proteine in HEK293T-Zellen exprimierbar waren, allerdings waren die Proteinausbeuten etwa 20-30-fach geringer als die des Wildtyps.

Ergebnisse

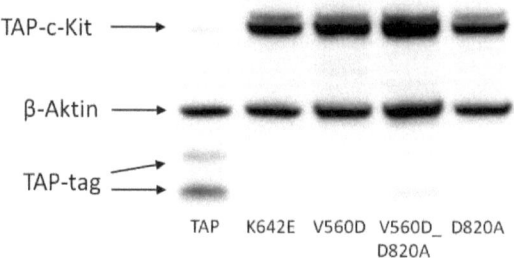

Abbildung 12: Western Blot der Expression von TAP-c-Kit Mutanten in HEK293T-Zellen.
HEK293T-Zellen wurden transient mit Plasmiden kodierend für die TAP-c-Kit Mutanten bzw. dem TAP-tag Plasmid transfiziert (2.3.3) und 48 h später geerntet und lysiert (2.4.1). Äquivalente Proteinmengen wurden im Western Blot analysiert. Die Detektion erfolgte mit einem anti-β-Aktin Antikörper, dieser färbte neben β-Aktin auch TAP-c-Kit aufgrund dessen IgG-Bindedomänen an. In der Abbildung sind das TAP-Kontrollprotein und die TAP-c-Kit Mutanten K642E, V560D, V560D_D820A sowie D820A exemplarisch dargestellt. Das Molekulargewicht der TAP-c-Kit Mutanten betrug 69,5 kDa, das des TAP-tags 28 kDa für die stärkere Bande und ~ 33 kDa für die schwächere Bande.

Tabelle 8: MS/MS-Identifizierung der mutationsspezifischen Peptide der c-Kit Mutanten

Mutation in Flag-c-Kit	Mittels MS/MS identifiziertes tryptisches Peptid
V560D	VDEEINGNNYVYIDPTQLPYDHK
D820A	NASNYVVK
V559D	DVEEINGNNYVYIDPTQLPYDHK
del557,558	del558 führt zu einem nicht detektierbaren tryptischen Peptid. Indirekter Nachweis durch Peptidverlust.
K642E	K642E führt zu einem nicht detektierbaren tryptischen Peptid. Indirekter Nachweis durch Peptidverlust.
V560D_D820A	VDEEINGNNYVYIDPTQLPYDHK // NASNYVVK
del557,558_Y823D	del558 führt zu einem nicht detektierbaren tryptischen Peptid. Indirekter Nachweis durch Peptidverlust. // NDSNDVVK
L576P	VVEEINGNNYVYIDPTQPPYDHK

3.2.3 Charakterisierung von c-Kit Mutanten

Die neun ausgewählten c-Kit Mutanten wurden bezüglich der Funktionalität des TAP-tags und ihres Phosphorylierungsstatus charakterisiert. Aufgrund der niedrigen Expressionsrate der Mutanten konnte zum Aufreinigen nur eine verkürzte Form des TAP-Assays angewandt werden – nämlich die ersten beiden Schritte – der Tandem-Affinitätsreinigung (2.4.6). Dabei wurden die Mutanten über die IgG-Matrix aufgereinigt und mittels TEV-Protease unter Abspaltung ihrer IgG-Bindedomänen eluiert. Die Funktionalität der mutierten TAP-c-Kit Proteine bezüglicher dieser beiden genannten Schritte wurde im Rahmen der Anwendung der verkürzten TAP-Methode überprüft. Alle untersuchten Mutanten konnten über die IgG-Bindedomänen aufgereinigt und mittels TEV-Protease von diesen abgespalten werden. Die Bestimmung der Phosphorylierungsstellen erfolgte an den aufgereinigten Flag-c--Kit Proteinen, diese sind im nachfolgenden Abschnitt (3.2.4) in Abbildung 13 im Western Blot zu sehen; ein SDS-Gel ist in Abschnitt 3.4.1, Abbildung 18 abgebildet. Die Bestimmung der Phosphorylierungsstellen erfolgte ebenfalls für alle oben angegeben c-Kit Mutanten. Diese wurden mit phospho-spezifischen c-Kit Antikörpern im Western Blot sowie massenspektrometisch bestimmt.

3.2.4 Bestimmung von Phosphorylierungsstellen in c-Kit Mutanten

Überblick

Von mutierten c-Kit Proteinen ist bekannt, dass sie im Gegensatz zum Wildtyp nicht durch Stimulation der extrazellulären Domäne (Bindung von SCF) aktiviert werden, sondern aufgrund ihrer Mutation konstitutiv aktiv und folglich dauerhaft Tyrosin-phosphoryliert vorliegen. Das Phosphorylierungsmuster der c-Kit Mutanten könnte möglicherweise vom Genotyp abhängig und demgemäß differentiell sein, was sich wiederum auf die Bindung von Signalproteinen an c-Kit auswirken könnte. Aus diesem Grund wurde untersucht, ob die mutierten rekombinanten TAP-c-Kit Proteine bereits nach ihrer Expression in HEK293T-Zellen phosphoryliert vorliegen. Die Bestimmung der Tyrosinphosphorylierung erfolgte unter dem Einsatz mehrerer Methoden. Zunächst wurde eine Phosphoprotein-Färbung mit der „Pro-Q Diamond"-Lösung durchgeführt.

Diese Methode visualisiert neben Phosphotyrosin auch Phosphoserin und Phosphothreonin. Bei Anwendung dieser Methode für die mutierten Flag-c-Kit Proteine zeigten sich Signale auf deren Molekulargewichtshöhe (Daten nicht gezeigt). Eine MS/MS-Analyse mit dem QTOF2 Massenspektrometer (2.5.1) konnte nur ein phosphoryliertes Serin (Ser959) nachweisen, welches auch beim Wildtyp identifiziert wurde. Die Bestimmung der Phosphorylierungsgrade mittels MS/MS war erschwert, da aufgrund der schlechten Exprimierbarkeit der Mutanten nur geringe Proteinmengen für die Analyse zu Verfügung standen. Um dieses Problem zu umgehen, wurden die Phosphorylierungsstellen zunächst immunologisch im Western Blot nachgewiesen, unter Verwendung Phosphotyrosin-spezifischer c-Kit Antikörper. Zusätzlich stand im weiteren Verlauf dieser Arbeit ein deutlich sensitiveres UPLC-Orbitrap-Massenspektrometer-System zur Verfügung, das den Nachweis der Phosphorylierungsstellen auch bei geringen Mengen an Ausgangsmaterial ermöglichte.

Immundetektion

Eine Möglichkeit der Bestimmung von Phosphorylierungsstellen ist der Einsatz von phospho-spezifischen Antikörpern im Immunoblot. So konnte durch Detektion mit zwei verschiedenen Phosphotyrosin-spezifischen anti-c-Kit Antikörpern die relative Phosphorylierungsstärke an Tyr-568 und/oder Tyr570 sowie an Tyr-721 bestimmt werden. Es war dabei zu beachten, dass die IgG-Bindedomänen der TAP-tags abgespalten sein mussten, da diese jeden Antikörper binden und somit eine spezifische Antikörper-Detektion unmöglich machen. Daher wurden für diesen Versuch eine Auswahl der, durch verkürzte Affinitätsreinigung (2.4.6) aufgereinigten, c-Kit Mutanten eingesetzt. Als Negativkontrolle diente das TAP-tag Protein. Die Eluate wurden gelelektrophoretisch aufgetrennt und auf eine Membran geblottet (2.4.11), dann erfolgte eine Immundetektion mit einem anti-c-Kit pTyr-568/570 oder einem anti-c-Kit pTyr-721 Antikörper (Abbildung 13 A und C). Nach dem Herunterwaschen der Antikörper (*stripping*) wurde der Blot mit einem anti-Flag-tag Antikörper inkubiert. Mit dem anti-Flag-tag Antikörper wurde die Gesamtmenge an Flag-c-Kit visualisiert, sie diente zur Normalisierung der phospho-spezifischen c-Kit Signale. Das Verhältnis der Signalintensität der pTyr-568/570- bzw. pTyr-721-spezifischen c-Kit-Bande zur Flag-c-Kit-Bande gibt die relative Phosphorylierungsstärke an. In Abbildung 13 B sind die

Mittelwerte der Verhältnisse von c-Kit pTyr-721 zu Flag-c-Kit dargestellt (n = 2). Abbildung 13 D zeigt die Verhältnisse von pTyr-568/570-c-Kit zu Flag-c-Kit. c-Kit K642E zeigte an allen drei untersuchten Tyrosinresten kaum Phosphorylierung, wohingegen die Mutanten V560D, D820A und V560D_D820A sowohl an Tyr-568/570 als auch an Tyr-721 deutlich phosphoryliert vorlagen. An Tyr-568/570 waren die Mutanten ähnlich stark phosphoryliert. Die Phosphorylierung an Tyr-721 lag bei der c-Kit Mutante V560D_D820A um den Faktor zwei höher als bei den Mutanten V560D und D820A.

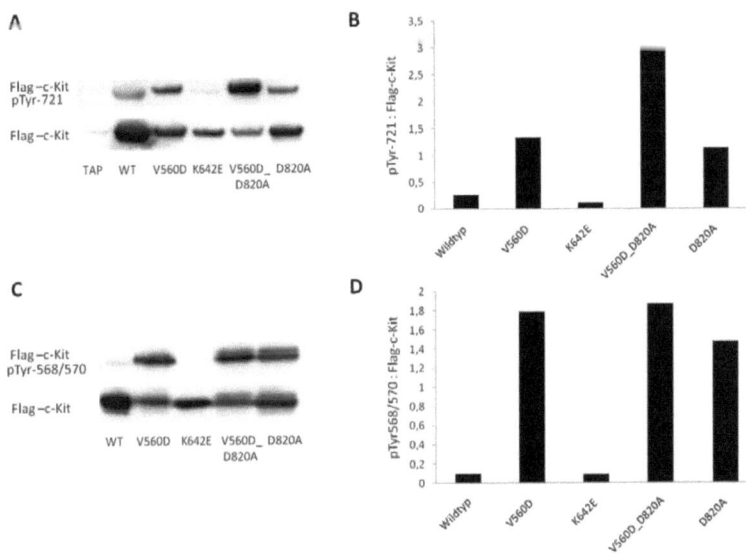

Abbildung 13: Immunologische Bestimmung der Tyrosinphosphorylierung der c-Kit Mutanten

Zur Bestimmung der Phosphotyrosinreste wurden c-Kit Wildtyp und Mutanten zunächst mit einem anti-c-Kit pTyr-721 bzw. einem anti-c-Kit pTyr-568/570 Antikörper und anschließend mit einem anti-Flag-tag Antikörper im Western Blot detektiert. Die Signalintensitäten der einzelnen Banden wurden quantifiziert. **A:** Western Blot Ergebnisse der pTyr-721-c-Kit- und Flag-c-Kit-Detektion für den Wildtyp und ausgewählte Mutanten. **B:** Gezeigt ist die relative Stärke der Phosphorylierung an Tyr-721 beim Wildtyp und ausgewählten Mutanten. Diese entspricht dem Verhältnis der pTyr-721-c-Kit zur Flag-c-Kit-Signalintensität (Mittelwerte aus je n = 2 Experimenten). **C:** Western Blot Ergebnisse der pTyr-568/570-c-Kit- und Flag-c-Kit-Detektion für den Wildtyp und ausgewählte Mutanten. **D:** Gezeigt ist die relative Stärke der Phosphorylierung an Tyr-568/570 beim Wildtyp und ausgewählten Mutanten. Diese entspricht dem Verhältnis der pTyr-568/570-c-Kit- zur Flag-c-Kit-Signalintensität.

Massenspektrometrie

Für die Bestimmung der Phosphorylierungsstellen mit dem UPLC-Orbitrap-Massenspektrometer-System wurden die TAP-c-Kit Proteine lediglich über die IgG-Matrix aufgereinigt und mittels LDS-Probenpuffer von dieser eluiert. So wurde zwar keine saubere Reinigung der Proteine erzielt, jedoch konnten wesentlich geringere Mengen an Zelllysat eingesetzt werden. Nach gelelektrophoretischer Auftrennung der Proben wurden die Phosphotyrosinreste wie in 2.5.1 beschrieben bestimmt (Tabelle 9). Die Bestimmung der Phosphorylierungsgrade erfolgte *label-free* (Seidler 2009). Dabei konnten in c-Kit Wildtyp sowie c-Kit K642E keinerlei Tyrosinphosphorylierungensstellen identifiziert werden. Die Mutanten V560D und D820A wiesen eine Phosphorylierung an pTyr-568, der Hauptautophosphorylierungsstelle von c-Kit (40 % bzw. 42 %) auf. Eine deutlich stärkere Phosphorylierung von Tyr-568 konnte bei der c-Kit Mutante L576P sowie der Imatinib-Resistenz-Mutante V560D_D820A (70 % bzw. 73 %) gemessen werden. Weitere Phosphorylierungsstellen konnten bei keinem untersuchten c-Kit Proteine gefunden werden. Bei den Mutanten del557,558 und del557,558_Y823D führte deren Deletionsmutation zu einem nicht detektierbaren tryptischen Peptid im Bereich der Phosphorylierungsstelle (Tyr-568), sodass diese nicht bestimmt werden konnte.

Tabelle 9: Identifizierte Phosphotyrosinstellen in den TAP- c-Kit Proteinen

Untersuchtes Protein	Phosphotyrosinstellen (Grad der Phosphorylierung)
TAP-c-Kit Wildtyp	nicht phosphoryliert
TAP-c-Kit del557,558	nicht detektierbar
TAP-c-Kit V559D	nicht untersucht
TAP-c-Kit V560D	pTyr-568 (40 %)
TAP-c-Kit L576P	pTyr-568 (70 %)
TAP-c-Kit K642E	nicht phosphoryliert
TAP-c-Kit V560D_D820A	pTyr-568 (73 %)
TAP-c-Kit D820A	pTyr-568 (42 %)
TAP-c-Kit del557,558-Y823D	nicht detektierbar

Anhand der Immunoblots und der Massenspektrometriedaten konnte gezeigt werden, dass alle untersuchten c-Kit Mutanten, mit der Ausnahme von K642E, im Gegensatz zum Wildtyp-Protein eine Tyrosinphosphorylierung aufweisen. Da es sich dabei um die Hauptautophosphorylierungsstelle von c-Kit (pTyr-568) handelt, ist wahrscheinlich davon auszugehen, dass diese Mutanten konstitutiv aktiviert sind. Insofern spiegeln diese Mutanten die klinische Situation wieder und stellen ein geeignetes Ausgangsmaterial für Interaktionspartner-Analysen dar.

3.3 Interaktionspartner-Analyse von c-Kit Wildtyp

3.3.1 Etablierung der expressions-entkoppelten Tandem-Affinitätsreinigung für c-Kit Wildtyp

In vorangegangenen Experimenten konnte gezeigt werden, dass c-Kit Wildtyp in sehr reiner Form über die klassische zweistufige Tandem-Affinitätsreinigung isoliert werden kann (3.1.4). Zur Identifikation von c-Kit Bindepartnern wurde die expressions-entkoppelte Tandem-Affinitätsreinigung (kurz: u-TAP) eingesetzt – eine Kombination aus der klassischen TAP-Reinigung und einer Pull-down-Methode (Erlbruch 2010). Das Prinzip besteht darin, dass das TAP-fusionierte Köderprotein zunächst aufgereinigt und anschließend zum zu untersuchenden Zelllysat gegeben wird. Die bereits beschriebene Form des u-TAP-Assays wurde mit den katalytischen Untereinheiten der PKA als Köderprotein durchgeführt (Erlbruch 2010). Die Aufreinigung der TAP-fusionierten katalytischen Untereinheiten der PKA erfolgte durch deren hoch spezifische Bindung an das synthetische Peptid (Aminosäuren 5-24) des physiologischen Proteinkinaseinhibitor (PKI), welches an ein Säulenmaterial gekoppelt vorlag (PKI(5-24)) (Girod 1996). Diese Reinigungsmethode war für TAP-c-Kit nicht anwendbar, weshalb eine neue Reinigungsstrategie zur Aufreinigung des Köderproteins etabliert werden musste. Wie bereits beschrieben hatte sich außerdem herausgestellt, dass c-Kit Wildtyp nach der Expression nicht phosphoryliert vorlag. Phosphoryliertes TAP-c-Kit Köderprotein sollte jedoch im u-TAP-Assay als Modell für den intrinsisch vorkommenden, dimerisierten und ebenfalls aktivierten c-Kit Rezeptor eingesetzt werden. Folglich musste eine Methode entwickelt werden, um das Köderprotein *in vitro* zu phosphorylieren (3.1.5).

Ziel war es, den intrazellulären Teil der Rezeptortyrosinkinase c-Kit zusammen mit dem TAP-tag als Fusionsprotein in HEK293T-Zellen zu exprimieren und als Köderprotein für die expressions-entkoppelte Tandem-Affinitätsreinigung einzusetzen. Der Ablauf der in dieser Arbeit gewählten Strategie für die expressions-entkoppelte Tandem-Affinitätsreinigung von c-Kit ist in Abbildung 15 dargestellt. Die genaue Durchführung ist in 2.4.7 beschrieben. Um die Anwendbarkeit der Strategie zu beurteilen, wurde zunächst die Reinigungseffizienz überprüft. Dazu wurde die expressions-entkoppelte Tandem-Affinitätsreinigung von c-Kit unter Verwendung von HeLa-Zelllysat durchgeführt und das Reinigungsergebnis mittels SDS-PAGE dokumentiert (Abbildung 14,). Zunächst musste das in HEK293T-Zellen exprimierte TAP-c-Kit Köderprotein aufgereinigt werden. Dazu wurde die Bindung der IgG-Bindedomänen im TAP-tag an die IgG-Matrix ausgenutzt. Nach Inkubation des Zelllysates mit der IgG-Matrix wurde stringent gewaschen, um alle unspezifisch gebundenen Proteine von TAP-c-Kit zu entfernen. Während in der ersten Waschfraktion noch viele Proteine enthalten waren, konnten in der letzten Waschfraktion keine Proteine mehr detektiert werden (Abbildung 14, Spuren 2 und 3). Es konnte daher davon ausgegangen werden, dass TAP-c-Kit nahezu rein vorlag. Zur Überprüfung der Reinheit wurde in einem parallelen Ansatz das Köderprotein durch TEV-Spaltung eluiert und massenspektrometrisch untersucht; dabei konnten als Bindepartner lediglich die TEV-Protease, Proteine der Hsp70-Familie, sowie die IgG-Ketten der Matrix identifiziert werden (Daten nicht gezeigt). Das aufgereinigte, an die IgG-Matrix gebundene c-Kit Köderprotein wurde in TEV20-Puffer resuspendiert und über Nacht bei 4 °C gelagert. Gegebenenfalls wurde das aufgereinigte Köderprotein zuvor *in vitro* phosphoryliert, um die Kinase in eine aktive Form zu bringen (2.4.3). An die *in vitro* Phosphorylierungsreaktion von c-Kit wurden zwei Anforderungen gestellt: Zum einen musste die *in vitro* Phosphorylierung trotz dessen Bindung an die IgG-Matrix erfolgen und zum anderen sollten die Phosphorylierungen auch am zweiten Versuchstag noch vorhanden sein. Die *in vitro* Phosphorylierung von matrixgebundenem TAP-c-Kit Köderprotein mit $MgCl_2$ und ATP ist – wie bereits in 3.1.5 gezeigt – erfolgreich durchführbar. Alle zehn für c-Kit beschriebenen Phosphorylierungsstellen konnten am zweiten Versuchstag detektiert werden, jedoch mit verringerten Phosphorylierungsgraden für acht Tyrosinreste und erhöhte Phosphorylierung für zwei Tyrosinreste (3.3.2, Tabelle 10). Am zweiten Versuchstag wurde das IgG-gebundene

TAP-c-Kit Köderprotein zum zu untersuchenden HeLa-Zelllysat gegeben. Nach Inkubation mit diesem sollte das IgG-Material zwar unter möglichst milden Bedingungen gewaschen werden, aber dennoch unspezifisch bindende Proteine entfernt werden. Hierzu wurde ein Puffer mit geringer Salzkonzentration gewählt (TEV20-Puffer). Die Waschfraktionen (Abbildung 14, Spuren 4 und 5) zeigen, dass unter diesen Bedingungen eine effiziente Reinigung möglich war, da die erste Waschfraktion (Spur 4) viele und die letzte nahezu gar keine Proteine mehr enthielt. Im Anschluss daran erfolgten TEV-Spaltung und die Reinigung über die anti-Flag-Matrix. Die Anforderung an die TEV-Spaltung war, dass sie möglichst vollständig sein sollte, um einen Proteinverlust zu vermeiden. Nach der Abspaltung der IgG-Bindedomänen wurde das Eluat, Flag-c-Kit, mit der anti-Flag-Matrix inkubiert und diese unter stringenteren Bedingungen (TMN50-Puffer) gewaschen. Mit der ersten Waschfraktion (Spur 6) konnte noch eine geringe Menge an unspezifisch gebundenen Proteinen entfernt werden, wohingegen in der letzten Waschfraktion (Spur 7) keine Proteine mehr sichtbar waren. Die Elution von Flag-c-Kit mit samt seinen gebundenen Interaktionspartner erfolgte mit freiem Flag-Peptid. Die Identifikation der Bindepartner erfolgte mittels Massenspektrometrie und wird in den folgenden Abschnitten behandelt.

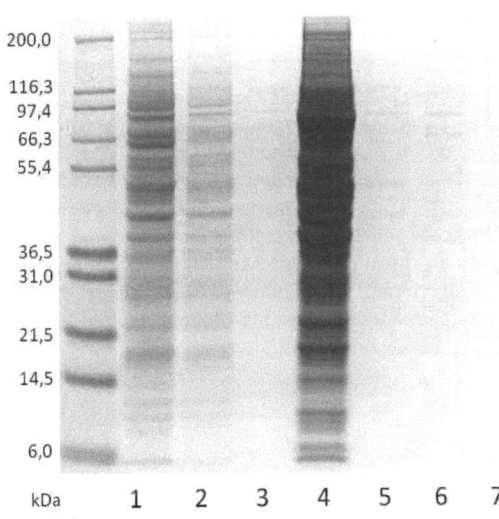

Abbildung 14: Etablierung des u-TAP-Assays; Waschfraktionen
Spur 1: HEK293T-Zelllysat; Spur 2: IgG-Säule Waschfraktion 1 (TMN50 Puffer); Spur 3: IgG-Säule letzte Waschfraktion (TEV40-Puffer); Spur 4: IgG-Säule Waschfraktion 1 (TEV20-Puffer) nach Zugabe des HeLa-Zelllysates zu nicht-aktiviertem TAP-c-Kit; Spur 5: IgG-Säule Waschfraktion 8 (TEV20-Puffer); Spur 6: Flag-Säule Waschfraktion 1 (TMN50-Puffer); Spur 7: Flag-Säule Waschfraktion 8 (TMN50-Puffer).

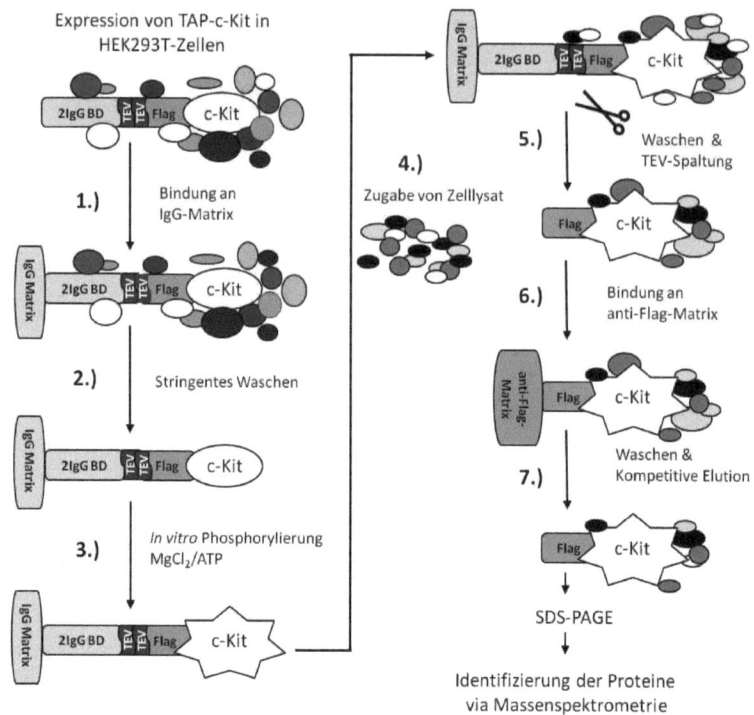

Abbildung 15: Schematischer Verlauf der expressions-entkoppelten Tandem-Affinitätsreinigung am Beispiel von c-Kit

Das TAP-c-Kit Wildtyp Köderprotein wurde zunächst in HEK293T-Zellen exprimiert. Durch Bindung an die IgG-Matrix (1) und anschließendem stringenten Waschen (2) wurde das Köderprotein aufgereinigt und dann ggf. in vitro phosphoryliert (3). Das Köderprotein wurde zum zu untersuchenden Zelllysat gegeben (4) und mit diesem inkubiert. Im Anschluss wurde der IgG-gebundene c-Kit Komplex gewaschen und die Abspaltung der IgG-Bindedomänen mittels TEV-Protease durchgeführt (5). Nach Bindung an die anti-Flag-Matrix (6) und anschließendem stringenten Waschen wurde das Köderprotein durch Zugabe des Flag-Peptids spezifisch mit seinen Bindepartnern eluiert (7). Die Proteine wurden mittels SDS-PAGE aufgetrennt und durch MS/MS-Analyse identifiziert.

3.3.2 Analyse von Phosphorylierungs-spezifischen Interaktionen von c-Kit Wildtyp

Zur Bestimmung des Einflusses der Tyrosinphosphorylierungen auf das Protein-Protein-Interaktionsnetzwerk von c-Kit wurde die u-TAP-Methode unter Verwendung von nicht-aktiviertem und aktiviertem c-Kit Wildtyp Köderprotein durchgeführt (2.4.7). Die vergleichenden Untersuchungen sollen Aufschluss über den Einfluss der Tyrosinphosphorylierungen von c-Kit auf die Bindung von Interaktionspartnern geben. Als zu untersuchendes System wurde Gesamtzelllysat von HeLa-Zellen ($1x10^9$ pro Versuch) gewählt. Als Negativkontrollen wurden – analog zum TAP-c-Kit Wildtyp Köderprotein – das TAP-tag-Protein oder IgG-Matrix zum HeLa-Zelllysat gegeben. In Abbildung 16 sind die finalen Eluate eines u-TAP-Assays auf einem SDS-Gel aufgetragen, unter Verwendung folgender Köderproteine: TAP-tag (Spur 1), nicht-aktiviertes TAP-c-Kit Wildtyp (Spur 2) und aktiviertes TAP-c-Kit Wildtyp (Spur 3). In Spur 1 ist das freie Flag-Peptid (Bande 1) nach der Abspaltung seiner IgG-Bindedomäne zu sehen. In den Spuren 2 und 3 sind die Flag-c-Kit Köderproteine (Banden 2 und 3) die deutlich stärksten Banden. Anhand dieser Banden wurden die Phosphorylierungsstellen von aktiviertem und nicht-aktiviertem c-Kit Wildtyp sowie deren Phosphorylierungsgrade mittels MS/MS-Analyse bestimmt (2.5.1) und sind in Tabelle 10 aufgelistet. Das c-Kit Köderprotein wurde bereits am Vortag *in vitro* phosphoryliert und dann zusammen mit dem untersuchenden Zelllysat inkubiert. Auch ca. 18 h nach der *in vitro* Phosphorylierung lagen alle zehn für c-Kit identifizierten Tyrosinstellen phosphoryliert vor. Verglichen mit der Phosphotyrosin-Analyse direkt nach der *in vitro* Phosphorylierung war bei gleicher Inkubationsdauer (120 min) eine Reduktion der Phosphorylierungsgrade deutlich zu erkennen. Dabei variierte die Abnahme der Phosphorylierungsgrade unter den einzelnen Tyrosinstellen. Nur Tyr-747 und Tyr-823 zeigten eine deutliche Zunahme der Phosphorylierung. Anzumerken ist, dass Tyr-823 im *activation loop* von c-Kit als letztes in der *trans*-Autophosphorylierungsreaktion phosphoryliert wird (Mol 2003).

Tabelle 10: Abnahme der Phosphorylierungsgrade von TAP-c-Kit Wildtyp

Tyrosinrest in c-Kit	Phosphorylierungsgrade direkt nach *in vitro* Phosphorylierung	Phosphorylierungsgrade 18 h nach *in vitro* Phosphorylierung	Änderung des Phosphorylierungsgrades
547	54 %	41 %	- 24 %
553	36 %	7 %	- 81%
568	92 %	45 %	- 51 %
570	71 %	8 %	- 89 %
703	88 %	14 %	- 84 %
721	76 %	45 %	- 41 %
730	53 %	12 %	- 77 %
747	20 %	42 %	+110 %
823	9 %	21 %	+133 %
936	35 %	15 %	- 57 %

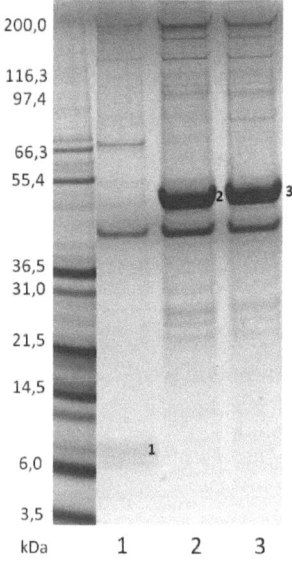

Abbildung 16: Expressions-entkoppelte Tandem-Affinitätsreinigung mit nicht-aktiviertem und aktiviertem TAP-c-Kit Wildtyp Köderprotein

Spur 1: Elutionsfraktion unter Verwendung des TAP-tag Köderproteins (Negativkontrolle), Bande 1 zeigt das Flag-Peptid; Spur 2: Elutionsfraktion unter Verwendung des nicht-aktivierten TAP-c-Kit Wildtyp Köderproteins, Bande 2 zeigt Flag-c-Kit; Spur 3: Elutionsfraktion unter Verwendung des aktivierten TAP-c-Kit Wildtyp Köderproteins, Bande 3 zeigt Flag-c-Kit.

Es konnten insgesamt mehr als 40 Bindepartner von c-Kit mittels MS/MS-Analyse identifiziert werden. Zu den identifizierten Interaktionspartnern von c-Kit Wildtyp gehörten Signalproteine, Proteine, die mit GTPasen assoziiert sind und proliferationsrelevante Proteine. Ferner konnten Proteine, die eine Funktion im Stoffwechsel einnehmen, sowie Chaperone und Proteine des Zytoskeletts als potentielle Interaktionspartner von c-Kit Wildtyp identifiziert werden. Die wichtigsten Bindepartner sind in Tabelle 11 aufgelistet, weitere Interaktionspartner sind im Anhang dieser Arbeit aufgeführt (9.1). Sofern nichts anderes angegeben, konnten alle Proteine massenspektrometrisch in mindestens zwei unabhängigen Versuchen eindeutig identifiziert werden. Unter den identifizierten Proteinen sind sowohl bereits in der Literatur beschriebene als auch unbekannte, neue potentielle Interaktionspartner von c-Kit.

Die vergleichenden Untersuchungen mit phosphoryliertem und nicht-phosphoryliertem Köderprotein ergaben, dass Signalproteine nur an aktiviertes, phosphoryliertes c-Kit, jedoch nicht an unphosphoryliertes c-Kit binden. In diesem Zusammenhang konnten die katalytische und die beiden regulatorischen Untereinheiten der PI3-Kinase, die bereits in der Literatur als c-Kit-Interaktionspartner beschrieben ist, identifiziert werden (Serve 1994). Zusätzlich wurden als bekannte c-Kit Bindepartner die Kinase JAK1 und die Transkriptionsfaktoren STAT3, STAT2 und STAT1 sowie das Adapterprotein Grb2, welches den Ras-MAP-Kinase Signalweg aktiviert, nachgewiesen (Thömmes 1999, Brizzi 1994). Signalproteine, deren Interaktion mit c-Kit bislang noch nicht beschrieben ist, waren die *PKC-related kinase* 2 (PKN2) und Cortactin, ein Substrat der Src-Kinase (SRC8). PKN2 ist eine mit PKC verwandte Proteinkinase. Sie ist bislang kaum beschrieben, wird aber mit den Rho-GTPasen in Verbindung gebracht (Schmidt 2007).Cortactin ist nach Tyrosinphosphorylierung in malignen Zellen an der Regulation des Zellwachstums und der strukturellen Umgestaltungen beteiligt. Einige Stoffwechselenzyme konnten nur als Interaktionspartner von phosphoryliertem c-Kit identifiziert werden, wie beispielsweise. Glycerinaldehyd-3-Phosphat-Dehydrogenase (G3P) und *Protein-L-isoaspartate(D-aspartate) O-methyltransferase* (PIMT). Andere Stoffwechselenzyme hingegen interagierten mit c-Kit unabhängig von dessen Phosphorylierungsstatus, z.B. die Methionin-Adenosyltransferase IIα (METK2). Proliferationsrelevante Proteine wie z.B.

Proliferating cell nuclear antigen (PCNA) interagierten überwiegend phosphorylierungsunabhängig mit dem c-Kit Köderprotein, lediglich Peroxiredoxin (PRDX1) band selektiv an phosphoryliertes c-Kit.

Tabelle 11: Die wichtigsten Interaktionspartner aus dem u-TAP-Assay mit nichtaktiviertem und aktiviertem TAP-c-Kit Wildtyp Köderprotein

Protein	Bezeichnung	TAP-c-Kit nicht aktiviert	TAP-c-Kit aktiviert
SIGNALPROTEINE			
PK3CB_Human	PI3-Kinase katalytische UE β	NEIN	JA
P85A/P85B_Human	PI3-Kinase regulatorische UE α und β	NEIN	JA
STAT1,2, 3_Human	*Signal transducer and activator of transcription* 1, 2, 3	NEIN	JA
JAK1_Human	Janus-Kinase 1	NEIN	JA[1]
GRB2_Human	*Growth factor receptor-bound protein 2*	NEIN	JA
PKN2_Human	Serine/Threonin Proteinkinase N2	NEIN	JA[1]
SRC8_Human	Src Substrat Cortactin	NEIN	JA[1]
GTPasen ASSOZIIERTE PROTEINE			
IQGA1_Human	IQ-Motif beinhaltendes GAP, bindet an CDC42	JA	JA
IMB3_Human; IPO7_Human	Importin 5 und 7, Ran-GTP bindende Proteine	JA	JA
GBB1_Human	GTP-bindendes Protein β-polypeptide 1	JA	JA
RAP2_Human	*Ras-related protein Rap-2a*	JA	JA
STOFFWECHSELENZYME			
METK2_Human	Methionin-Adenosyltransferase II α	JA	JA
G3P_Human	Glycerinaldehyd-3-Phosphat-Dehydrogenase	NEIN	JA
PIMT_Human	Protein-L-isoaspartate(D-aspartate) O-methyltransferase	NEIN	JA
ECHA_Human	3-oxoacyl-CoA Thiolase	NEIN	JA
PROLIFERATIONSRELEVANTE PROTEINE			
PCNA	*Proliferating cell nuclear antigen*	JA	JA
PRDX1_Human	Peroxiredoxin 1	NEIN	JA
PHB_Human	Prohibitin	JA	JA

Protein	Bezeichnung	TAP-c-Kit nicht aktiviert	TAP-c-Kit aktiviert
CHAPERONE			
Hsp90_Human	Heat shock protein 90	JA	JA
Cdc37_Human	Hsp90 Cochaperon	NEIN *	JA*
TCPE_Human	Chaperonin containing TCP1	NEIN	JA
SONSTIGE PROTEINE			
MYPT1_Huamn	Proteinphosphatase 1, regulatorische Einheit	NEIN	JA
IF4B_Human	Eukaryotic translation initiation factor 4B	NEIN	JA
TCTP_Human	Tumor protein, translationally-controlled 1	NEIN *	JA*
EFTU_Human	Elongationsfaktor Tu	NEIN *	JA*
PHAR3_Human	Phosphatase and actin regulator 3	NEIN *	JA*

Abkürzungen: * = diese Proteine wurden nur einmal identifiziert. Es wurde bei diesem Versuch keine vergleichenden Untersuchungen mit nicht-aktiviertem TAP-c-Kit Wildtyp Köderprotein durchgeführt. ^{1} = Proteine konnten nur einmal identifiziert werden.
Alle hier aufgelisteten Proteine konnten in der Negativkontrolle nicht identifiziert werden.

3.3.3 Interaktionspartner-Analyse von c-Kit Wildtyp unter Inhibitor-Zugabe

Imatinib ist der Inhibitor erster Wahl zur Behandlung von GIST. Der Hsp90 Inhibitor 17AAG (*17-Dimethylaminoethylamino-17-demethoxy-geldanamycin*) gilt als potentielles alternatives Medikament insbesondere zur Behandlung von Imatinib-resistenten GIST. Diese Inhibitoren sollten möglichst selektiv auf das mutierte c-Kit wirken und c-Kit Wildtyp nicht beeinflussen. Um dies zu untersuchen wurde das Protein-Interaktionsnetzwerks von c-Kit Wildtyp unter Anwesenheit der Inhibitoren mit der u-TAP-Methode untersucht. Hierzu wurde *in vitro* phosphoryliertes TAP-c-Kit Wildtyp Köderprotein zur Untersuchung von Bindepartnern aus dem HeLa-Zelllysat eingesetzt und vergleichende Untersuchungen in An- und Abwesenheit des jeweiligen Inhibitors durchgeführt. Dazu wurden 8 µM Imatinib bzw. 6 µM 17AAG zum HeLa-Zelllysat gegeben und 15 min präinkubiert. Anschließend wurde das aktiviertes TAP-c-Kit Wildtyp hinzugegeben und der u-TAP-Assay wie in 2.4.7 beschrieben durchgeführt. Abbildung 17 zeigt das SDS-Gel der ersten beiden Elutionsfraktionen des u-TAP-Assays ohne Imatinib-Zugabe (Spuren 1 und 2) sowie in Gegenwart von Imatinib (Spuren 3 und 4). Die prominentesten Banden (1-4) der einzelnen Fraktionen sind die des Flag-c-Kit Köderproteins. Das SDS-Gel der expression-entkoppelten Tandem-Affinitätsreinigung unter der Behandlung mit dem Hsp90 Inhibitor wies das gleiche Bandenmuster auf, daher wurde auf die Abbildung verzichtet.

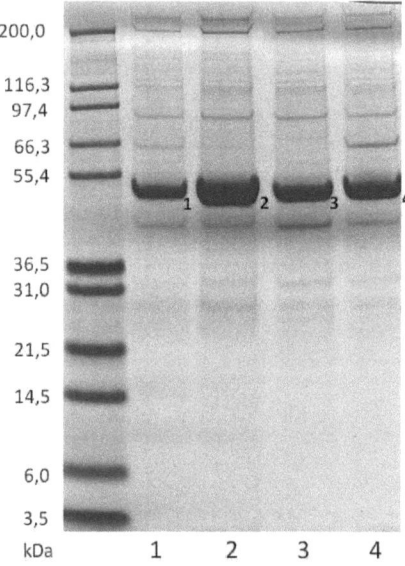

Abbildung 17: Elutionsfraktionen der expressions-entkoppelten Tandem-Affinitätsreinigung nach Vorbehandlung des Zelllysats mit Imatinib.

Spur 1 und 2: Erste und zweite Elutionsfraktion des u-TAP-Assays mit unbehandeltem HeLa-Zelllysat unter Einsatz von aktiviertem TAP-c-Kit Wildtyp als Köderprotein. Spur 3 und 4: Erste und zweite Elutionsfraktion des u-TAP-Assays mit HeLa-Zelllysat in Gegenwart von Imatinib (8 µM) unter Einsatz von aktiviertem TAP-c-Kit Wildtyp als Köderprotein. Banden 1-4: Flag-c-Kit Wildtyp Köderprotein.

Die Analyse der Phosphotyrosinstellen in den Flag-c-Kit Proteinen der verschiedenen Fraktionen erfolgte mittels MS/MS-Analyse (2.5.1). Die identifizierten Phosphorylierungsstellen und -grade entsprachen den in Abschnitt 3.1.5 gezeigten Ergebnissen. Der Tyrosinkinase-Inhibitor Imatinib zeigte im u-TAP-Assay nahezu keinen Einfluss auf das Protein-Interaktionsnetzwerk von aktiviertem c-Kit Wildtyp (Daten nicht gezeigt). Es konnte lediglich Glucosidase II β (GLU2B) als zusätzliches Protein unter Anwesenheit von Imatinib identifiziert werden. Dieses Protein ist ein Phosphoprotein und als Substrat der Protein-Kinase C (PKC) bekannt. Im Weiteren konnten in allen der massenspektrometrisch untersuchten Banden nach Imatinib-Behandlung die identischen Proteine wie im unbehandelten Ansatz identifiziert werden.

Der Hsp90 Inhibitor 17AAG zeigte möglicherweise eine geringe Wirkung auf das Protein-Interaktionsnetzwerk von c-Kit, da vier differentiell bindende Interaktionspartner gefunden wurden (Tabelle 12). Das CD55-Antigen des Komplementsystems (DAF) sowie die Acyl-CoA-Dehydrogenase (ACADV) wurden als zusätzliche Bindepartner beim u-TAP-Assay unter 17AAG-Behandlung gefunden werden. Der Rezeptor für Hyaluronsäure (CD44) sowie die Aldehyd-Dehydrogenase (P5CS) konnten hingegen nur in Abwesenheit von 17AAG identifiziert werden. Alle in Tabelle 12 aufgeführten Proteine konnten nicht in der Negativkontrolle (TAP-tag) gefunden werden. Die wichtigsten mit c-Kit interagierenden Proteine, die in An- und Abwesenheit von 17AAG nachgewiesen werden konnten, sind in Tabelle 11 sowie im Anhang 9.1 (Spalte aktiviertes TAP-c-Kit Köderprotein) zu finden.

Tabelle 12: Differentiell bindende Interaktionspartner von c-Kit Wildtyp im u-TAP-Assay unter Behandlung von 6 µM 17AAG

PROTEIN	Bezeichnung	Protein Score	Identifiziert im u-TAP-Assay **ohne** 17AAG	Identifiziert im u-TAP-Assay **mit** 17AAG
P5CS_Human	Aldehyd-Dehydrogenase Familie 18, Mitglied A1	95	JA	NEIN
CD44_Human	Rezeptor für Hyaloronsäure	40	JA	NEIN
DAF_Human	CD55-Antigen, Komplementsystem	50	NEIN	JA
ACADV_Human	Acyl-CoA-Dehydrogenase	89	NEIN	JA

3.4 Interaktionspartner-Analyse von c-Kit Mutanten

Ursächlich für die Entstehung von GIST ist in der überwiegenden Mehrheit eine aktivierende Mutation in c-Kit. Das unkontrollierte Zellwachstum wird durch eine Aktivitätssteigerung von c-Kit und damit durch Veränderungen in Signalwegen ausgelöst. In diesem Zusammenhang ist es von großem Interesse, die Interaktionspartner der verschiedenen c-Kit Mutanten zu analysieren.

3.4.1 Interaktionspartner-Analyse der c-Kit Mutanten durch verkürzte TAP-Reinigung

Das Protein-Interaktionsnetzwerk der mutierten, mit GIST-assoziierten c-Kit Proteine wurden mithilfe der verkürzten Tandem-Affinitätsreinigung und anschließender MS/MS-Analyse untersucht. Dabei wurde das TAP-c-Kit Protein über die IgG-Bindedomänen aus dem Zelllysat aufgereinigt und anschließend von diesen mittels TEV-Protease abgespalten (2.4.6). Die Anwendung des u-TAP-Assays war aufgrund der geringen Proteinausbeute der c-Kit Mutanten bei Expression in HEK293T-Zellen nicht durchführbar. Die verkürzte Tandem-Affinitätsreinigung wurde mit den TAP-c-Kit Mutanten del 557,558; V559D; del559; V560D; K642E und V560D_D820A, sowie mit dem TAP-c-Kit Wildtyp durchgeführt. Als Negativkontrolle wurden nicht-transfizierte HEK293T-Zellen bzw. das TAP-tag Protein eingesetzt. Die Identifizierung der Interaktionspartner erfolgte mittels MS/MS-Analyse mit dem QTOF2-Massenspektrometer (2.5.1). Die potentiellen Bindepartner der c-Kit Mutanten und des c-Kit Wildtyps sind in Tabelle13 aufgelistet. Neben diesen Interaktionspartnern wurden Aktin, Albumin, TEV-Protease und IgG (leichte und schwere Kette) in allen Proben gefunden. Das Köderprotein Flag-c-Kit konnte ebenfalls in allen untersuchten Gel-Spuren identifiziert werden. Ein Großteil der identifizierten Bindepartner der c-Kit Mutanten gehören der Hsp70-Chaperon-Familie an, darunter Hsp70 Protein 1, 8, 4 und 9. Diese genannten Hsp70 Proteine konnten als Bindepartner von allen Mutanten und vom Wildtyp gefunden werden, mit Ausnahme von Hsp70 Protein 4. Dieses konnte weder als Bindepartner von TAP-c-Kit V560D noch vom Wildtyp identifiziert werden. Das Protein EF2 (*eukaryotic translation elongation factor 2*) ist ein Elongationsfaktor bei der Translation und wurde als Bindepartner von c-Kit Wildtyp und den untersuchten c-Kit Mutanten mit Ausnahme von V560D und del557,558 gefunden. Das Chaperon Hsp90 sowie sein Cochaperon Cdc37 wurden nur als Bindepartner der TAP-c-Kit Mutanten identifiziert, nicht aber vom Wildtyp.

Diese Beobachtung war von besonderem Interesse und wurde im Rahmen dieser Arbeit näher untersucht (Abschnitt 3.4.2 bis 3.4.5). Hsp90 hat neben seiner Chaperonfunktion bei der Faltung von neu synthetisierten Proteinen auch eine dauerhaft stabilisierende Funktion von fehlgefalteten, onkogenen Proteinen und schützt sie somit vor proteasomaler Degradierung. Hsp90 ist ein potentielles Medikamenten-Zielmolekül bei der Behandlung von Krebs, unter anderem von GIST (Bauer 2006). Cdc37 ist ein Cochaperon von Hsp90 und steht oftmals mit der Faltung von Kinasen in Verbindung. Eine Interaktion von onkogenen c-Kit Proteinen mit Cdc37 ist bislang noch nicht beschrieben. Wie Hsp90 ist auch Cdc37 ein potentielles Medikamenten-Zielmolekül, da es ebenfalls zur Stabilisierung onkogener Proteine beiträgt.

Tabelle 13: Interaktionspartner der TAP-c-Kit Mutanten

Identifiziertes Protein	WT	V560D	V559D	del559	del557,558	K642E	V560D_D820A
Cdc37	-	✓	✓	✓	✓	✓	✓
Hsp70 Protein 1	✓	✓	✓	✓	✓	✓	✓
Hsp70 Protein 9	✓	✓	✓	✓	✓	✓	✓
Hsp70 Protein 8	✓	✓	✓	✓	✓	✓	✓
Hsp90	-	✓	✓	✓	✓	✓	✓
Hsp70 Protein 4	-	-	✓	✓	✓	✓	✓
EF2	✓	-	✓	✓	-	✓	✓

3.4.2 Charakterisierung der wichtigsten Interaktionspartner der c-Kit Mutanten

Die Interaktion von Hsp90 und Cdc37 mit den TAP-fusionierten c-Kit Mutanten und das Fehlen der Interaktion für c-Kit Wildtyp wurden, wie bereits in Abschnitt 3.4.1 beschrieben, durch den verkürzten TAP-Assay und nachfolgender MS/MS-Analyse beobachtet. Da sowohl Hsp90 als auch Cdc37 potentielle Medikamenten-Zielmoleküle für die GIST-Therapie sind, wurden diese Interaktionen wie nachfolgend beschrieben detaillierter untersucht. Die MS/MS-Ergebnisse mit den jeweiligen Sequenzabdeckungen, sowie das SDS-Gel mit den Eluaten aus dem verkürzten TAP-Assay sind in Abbildung 18 dargestellt. Im SDS-Gel wurden die Proteinbanden auf der Molekulargewichtshöhe von Hsp90 (Banden A-E) und Cdc37 (Banden F-J) ausgeschnitten (Abbildung 18, rote Markierungen) und massenspektrometrisch analysiert. Dabei konnten bei den Eluationsfraktionen der c-Kit Mutanten Sequenzabdeckungen zwischen 9-29 % für Hsp90 und 21-36 % für Cdc37 gemessen werden. In der Elutionsfraktion des c-Kit Wildtyps hingegen konnten keine Hsp90- oder Cdc37-spezifischen Peptide identifiziert werden. Demnach bestätigte sich, dass Cdc37 und auch Hsp90 potentielle Interaktionspartner der c-Kit Mutanten sind, jedoch nicht c-Kit Wildtyp. Des Weiteren zeigten die c-Kit Mutanten V559D, del559 und D820A ebenfalls eine Interaktion mit Cdc37 und Hsp90 (Daten nicht gezeigt).

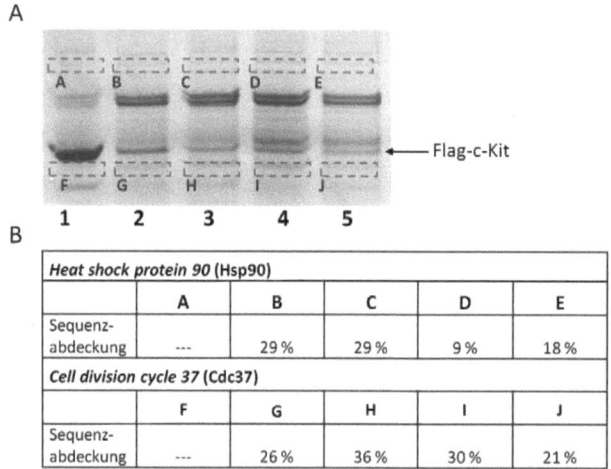

Abbildung 18: MS-Analyse zur Interaktion von Hsp90 und Cdc37 mit den TAP-fusionierten c-Kit Mutanten und dem c-Kit Wildtyp
Die Interaktionen wurden mittels verkürztem TAP-Assay und anschließender MS-Analyse gemessen. **A:** SDS-PAGE der Flag-c-Kit Eluate unter Verwendung folgender TAP-Köderproteine: Spur 1: c-Kit Wildtyp, Spur 2: c-Kit V560D, Spur 3: c-Kit K642E, Spur 4: V560D_D820A, Spur 5: c-Kit del557,558. Markierungen A bis E zeigen die ausgeschnittene Gelbande auf der Molekulargewichtshöhe von Hsp90; Markierungen F bis J zeigen die ausgeschnittene Gelbande auf der Molekulargewichtshöhe von Cdc37. **B:** Identifizierungen von Hsp90 und Cdc37 mittels MS/MS sowie die jeweilige Sequenzabdeckung

Zusätzlich zu den durch MS/MS-Analyse erzielten Ergebnissen wurden die Eluate des verkürzten TAP-Assays im Western Blot durch Immundetektion mit einem anti-Hsp90 und einem anti-Cdc37 Antikörper untersucht. Als Negativkontrolle wurde das TAP-tag Kontrollprotein eingesetzt; dieses interagierte weder mit Hsp90 noch mit Cdc37. Es bestätigten sich die durch MS/MS-Analyse bestimmten Befunde: c-Kit Wildtyp interagierte weder mit Hsp90 noch mit Cdc37 wohingegen alle untersuchten Mutanten eine Interaktion mit diesen Proteinen zeigten. Darüber hinaus deutete sich an, dass die Bindung der Mutanten mit Hsp90 und Cdc37 nicht in gleichem Maße stattfand, sondern mutationsabhängig vorlag. Dies konnte durch Quantifizierung der Hsp90 bzw. der Cdc37 Banden und der jeweiligen Intensitäten von Flag-c-Kit bestimmt werden. In Abbildung 19 B und C sind die relativen Bindungsaffinitäten von Hsp90 bzw. Cdc37 zu Flag-c-Kit dargestellt. Es ergab sich, dass die c-Kit Mutante D820A deutlich weniger Hsp90 und Cdc37 gebunden hatte als die übrigen untersuchten Mutanten. Die Mutante V560D interagierte weniger mit Hsp90 und Cdc37 als die c-Kit K642E Mutante. Die stärkste Interaktion mit Hsp90 und Cdc37 zeigte die Imatinib-Resistenz-Mutante c-Kit V560D_D820A. Die statistisch signifikanten Unterschiede bezüglich der Interaktionen von Hsp90 mit c-Kit sind in Tabelle 14 aufgeführt.

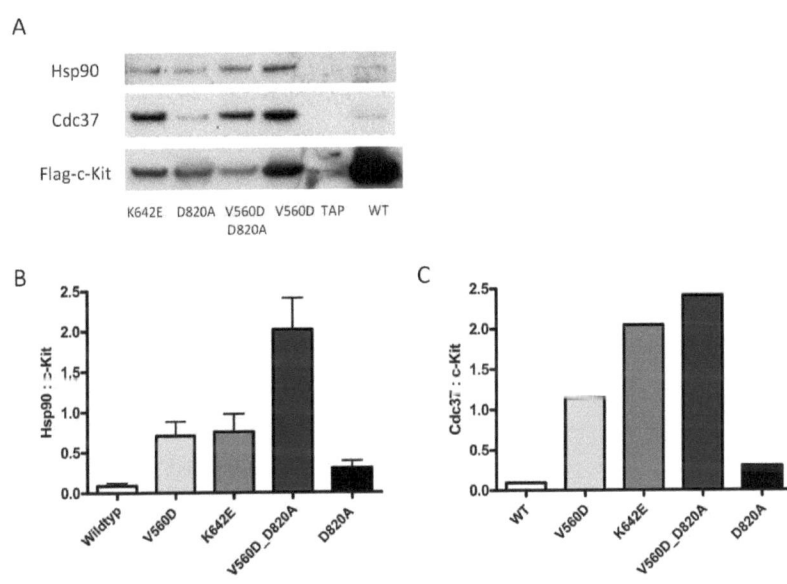

Abbildung 19: Interaktion von Hsp90 und Cdc37 mit c-Kit Mutanten und c-Kit Wildtyp
Die Interaktionen der c-Kit Mutanten und dem Wildtyp wurde aus Eluaten des verkürzten TAP-Assay im Western Blot mit einem anti-Hsp90 bzw. anti-Cdc37 Antikörper untersucht. Durch Quantifizierung der Signalintensitäten im Western Blot wurde das Bindeverhalten von Hsp90 bzw. Cdc37 relativ zu c-Kit berechnet (B und C) **A:** Western Blot Ausschnitte **B:** Quantifizierung der Hsp90 zu c-Kit Intensitäten **C:** Quantifizierung der Cdc37 zu c-Kit Intensitäten.

Tabelle 14: Statistisch signifikante Unterschiede der Affinitäten der c-Kit Mutanten mit Hsp90 (Hsp90 zu c-Kit).

c-Kit	Wildtyp	V560D	K642E	D820A
V560D	*			
K642E	*	-		
V560D_D820A	**	*	*	**
D820A	p =0,06	p =0,08	-	

Abkürzungen für den p-Wert (p): * = p < 0,05; ** = p < 0,01, *** = p < 0,001

3.4.3 Interaktion von Cdc37 und Hsp90 mit c-Kit Rezeptoren aus humanen GIST-Zelllinien

Zwei humane GIST-Zelllinien mit unterschiedlichen Mutationen in der Rezeptortyrosinkinase c-Kit sollten auf deren Interaktion mit Hsp90 und Cdc37 untersucht werden. Diese GIST-Zelllinien entstammen humanen GIST und sind damit der klinischen Situation näher als die rekombinanten TAP-c-Kit Proteine. Die GIST-Zelllinie GIST882 hatte eine c-Kit Mutation in Exon 13 (K642E) und gilt als Imatinib-sensitiv. Die GIST-Zelllinie GIST48 hatte eine Mutation in Exon 11 (V560D) und eine Mutation in Exon 17 (D820A) von c-Kit und gilt als Imatinib-resistent. Die Mutationen der c-Kit Rezeptoren in den Zelllinien entsprachen damit den ebenfalls untersuchten rekombinanten TAP-c-Kit Proteinen (K642E und V560D-D820A). Die Isolierung der c-Kit Rezeptoren erfolgte durch Immunopräzipitation mit einem anti-c-Kit Antikörper, der gegen den C-Terminus von c-Kit gerichtet war (2.4.8). Die Detektion der Proteinbanden im Western Blot erfolgte mit einem anti-Hsp90, einem anti-Cdc37 und dem anti-c-Kit (Ab 81, Santa Cruz) Antikörper. Die Signalintensitäten der c-Kit Rezeptoren und von Hsp90 bzw. Cdc37 wurden relativ zueinander quantifiziert (2.5).

Bei der Isolierung der c-Kit Rezeptoren war zu erkennen, dass c-Kit K642E (GIST882) im Western Blot ein ca. 20 kDa geringeres Molekulargewicht aufwies, als c-Kit V560D_D820A (GIST48) (Abbildung 20 A). Dies wurde bereits von anderen Arbeitsgruppen berichtet. Der Grund hierfür könnten unterschiedliche Glykosylierungsmuster sein; Untersuchungen diesbezüglich wurden jedoch nicht durchgeführt. Des Weiteren zeigten beide c-Kit Rezeptoren eine Interaktion mit Hsp90 sowie mit Cdc37. Analog zu den Beobachtungen für die rekombinanten c-Kit Mutanten, traten auch hier differentielle Bindungsaffinitäten zu Hsp90 und Cdc37 auf (Abbildung 20 B). Dabei ergab sich, dass Hsp90, wie auch Cdc37, signifikant weniger an c-Kit V560D_D820A gebunden hatte, als dies bei der c-Kit Mutante K642E der Fall war. Bemerkenswert dazu ist auch, dass die Bindungsaffinitäten von Hsp90 jeweils anlog zu denen von Cdc37 waren.

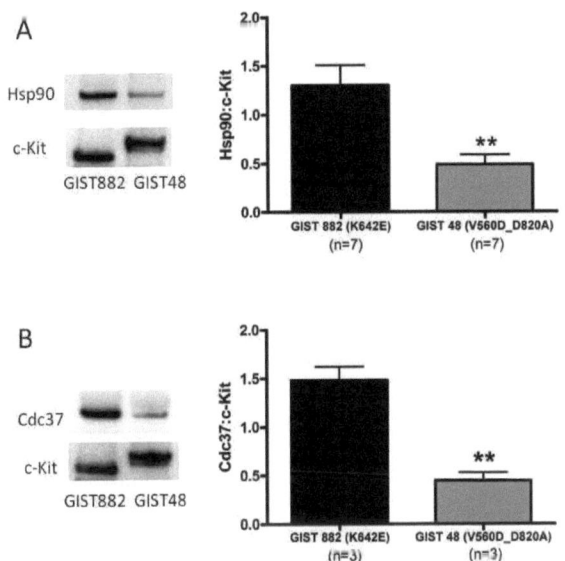

Abbildung 20: Interaktionen endogener c-Kit-Rezeptoren aus GIST-Zelllinien mit Hsp90 und Cdc37

Durch Immunopräzipitation wurden die c-Kit Rezeptoren aus den Zelllinien GIST48 und GIST882 isoliert und die Menge an gebundenem Hsp90 und Cdc37 im Western Blot mit geeigneten Antikörpern untersucht (2.4.8). Die Signale von c-Kit und Hsp90 bzw. Cdc37 wurden relativ zueinander quantifiziert. **A**: Immundetektion von Hsp90 und c-Kit im Western Blot und die statistische Auswertung der relativen Signalintensitäten (Hsp90 zu c-Kit). **B**: Immundetektion von Cdc37 und c-Kit im Western Blot und die statistische Auswertung der relativen Signalintensitäten (Cdc37 zu c-Kit).

3.4.4 Mutationsspezifische Interaktionsanalysen von c-Kit Mutanten mit Hsp90

Eine mutationsspezifische Interaktion der c-Kit Mutanten mit Hsp90 und Cdc37 deutete sich bereits durch Western Blot Analyse der Eluate aus dem verkürzten TAP-Assay an (3.4.1). Die Untersuchungen der GIST-Zelllinien ergaben ebenfalls mutationsabhängige Interaktionen von c-Kit mit Hsp90 und Cdc37 (3.4.3). Da die verkürzte TAP-Reinigung nur eine einstufige Reinigungsmethode ist und darüber hinaus weitere c-Kit Mutanten auf deren Interaktion mit Hsp90 und Cdc37 untersucht werden sollten, wurde die im Folgenden beschriebene Co-Immunpräzipitationsstudie durchgeführt. Dabei wurden die TAP-c-Kit Proteine mittels einem, gegen den C-Terminus von c-Kit gerichteten Antikörper, aus dem Zelllysat isoliert. Neben der Bindung des Antikörpers an c-Kit erfolgte eine zusätzliche Bindung an die IgG-Bindedomäne des TAP-tags. Aus diesem Grund konnte zwar keine Epitop-spezifische Immunpräzipitation durchgeführt werden, jedoch erwies sich die Methode zur Aufreinigung von TAP-c-Kit und anschließender relativer Quantifizierung als sehr gut geeignet. In erster Linie, weil die relative Quantifizierung von z.b. Hsp90 zu TAP-c-Kit im Western Blot mit nur einem Antikörper durchgeführt und somit unspezifische Verluste durch *stripping* vermieden werden konnten (2.4.12). Dies ermöglichten die IgG-Bindedomänen des TAP-tag, die in der Lage sind jeden beliebigen Antikörper zu binden. Zur Negativkontrolle wurde die Immunpräzipitation mit untransfizierten HEK293T-Zellen sowie mit TAP-tag transfizierten Zellen durchgeführt. Zusätzlich wurde die Immunpräzipitation mit TAP-c-Kit transfizierten Zellen in Abwesenheit des c-Kit Antikörpers durchgeführt (Abbildung 21 A). Bei der mit dem TAP-tag Protein durchgeführten Immunpräzipitation konnte erwartungsgemäß ein leichtes Signal auf dessen Molekulargewichtshöhe gesehen werden (nicht in Abbildung 21 A zu sehen). In allen Kontrollen konnte weder Hsp90 noch TAP-c-Kit detektiert werden. Folglich war davon auszugehen, dass die im Western Blot gesehenen Signale spezifisch waren. Zur relativen Quantifizierung wurden die Bandenintensitäten von Hsp90 und TAP-c-Kit gemessen und deren Verhältnisse berechnet (Hsp90 zu TAP-c-Kit). Für diese Untersuchungen wurde TAP-c-Kit Wildtyp sowie folgende TAP-c-Kit Mutanten eingesetzt: del557,558; V559D; V560D; L576P; K642E; D820A; V560D_D820A und del557,558_Y823D.

Wie bereits im verkürzten TAP-Assay gesehen werden konnte (3.4.2), zeigte sich auch in diesen Untersuchungen, dass TAP-c-Kit Wildtyp nahezu gar nicht mit Hsp90 interagierte. Alle untersuchten c-Kit Mutanten hingegen wiesen eine Interaktion mit Hsp90 auf. Was sich bereits in der Western Blot Analyse der TAP-Reinigung andeutete, konnte in diesen Untersuchungen bestätigt werden: Die c-Kit Mutanten zeigten signifikant differentielle Bindungsaffinitäten zu Hsp90 (Abbildung 21 B, C und Tabelle 15). Da sich die Versuchsansätze nur durch die jeweilige Mutation in c-Kit unterschieden, war davon auszugehen, dass die differentiellen Bindungsaffinitäten zu Hsp90 lediglich vom c-Kit Genotyp abhängig waren. Die Mutante D820A im activation loop von c-Kit zeigte die geringste Affinität zu Hsp90 und unterschied sich nicht signifikant vom c-Kit Wildtyp. Da in 75-85 % der Fälle GIST-Mutationen in der Juxtamembran auftreten, wurden vier verschiedene c-Kit Mutationen aus dieser Region ausgewählt und die Proteine analysiert (del557,558; V559D; V560D und L576P). Die Analysen ergaben, dass sich auch diese c-Kit Mutanten in ihren Affinitäten zu Hsp90 signifikant voneinander unterschieden. Dabei zeigte die Mutante del557,558 die geringste Affinität zu Hsp90 und die L576P die höchste. Die c-Kit Mutation in der Kinase-Domäne K642E wies ebenfalls eine starke Affinität zu Hsp90 auf. Die beiden untersuchten Imatinib-resistenten Mutanten, welche sowohl eine primäre, als auch eine sekundäre Mutation in c-Kit haben (V560D_D820A und del557,558_Y823D) unterschieden sich nicht signifikant in ihren Interaktionen zu Hsp90.

Die Hsp90-Überexpression gilt bereits als prognostischer Marker für den Schweregrad und die Aggressivität von GIS-Tumoren (Li 2008). Diese Beobachtung ist auch für die, mit Brustkrebs assoziierten, EGF-Rezeptoren beschrieben (Ciocca 2005, Xu 2007). Zusätzlich können die differentiellen Affinitäten zu Hsp90 sowohl Rückschlüsse auf die Stabilitäten der Mutanten geben, als auch auf deren Sensitivität zu Hsp90 Inhibitoren erlauben. Letzteres wurde in Abschnitt 3.5 untersucht.

Die Interaktion von Cdc37 mit den c-Kit Mutanten wurde aufgrund der geringen Menge an Cdc37 nicht durchgängig quantifiziert. Es konnte jedoch generell ein ähnliches Interaktionsverhalten wie bei Hsp90 gesehen werden. Im Abschnitt 3.5.4, Abbildung 26 ist die Interaktion von Cdc37 mit c-Kit Wildtyp sowie mit den c-Kit Mutanten V560D, K642E und D820A abgebildet.

Ergebnisse

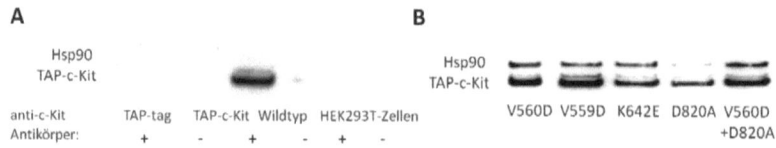

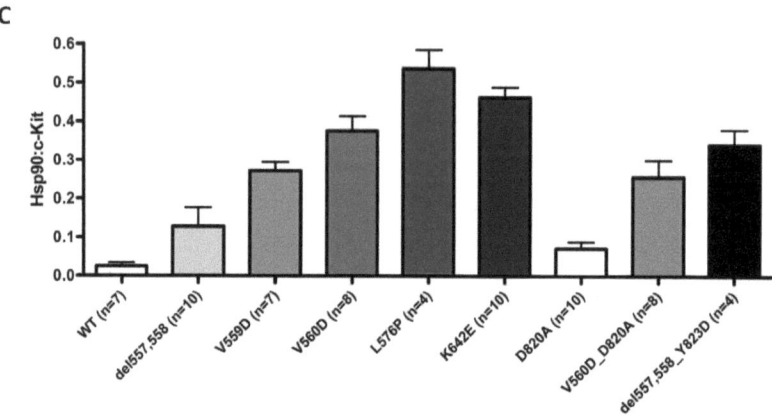

Abbildung 21: Bindungsaffinitäten der TAP-c-Kit Mutanten zu Hsp90

Die Interaktion der mutierten TAP-c-Kit Proteine und Wildtyp mit Hsp90 wurde durch Immunopräzipitation mit einem anti-c-Kit Antikörper und anschließender Immundetektion mit einem anti-Hsp90 Antikörper bestimmt (2.4.8). Anschließend wurden die Signale quantifiziert (2.4.12) und das relative Bindungsverhältnis berechnet (Hsp90 zu c-Kit). **A:** Zeigt den Western Blot Ausschnitt der Negativkontrollen: Immunopräzipitation mit dem TAP-tag und TAP-c-Kit Wildtyp transfizierten Zellen und untransfizierten HEK293T-Zellen, jeweils mit (+) und ohne (-) Einsatz des IP anti-c-Kit Antikörpers durchgeführt. **B:** Western Blot mit einem anti-Hsp90 Antikörper; aufgetragen wurden die IP-Eluate folgender TAP-c-Kit Mutanten: Spur 1: V560D, Spur 2: V559D, Spur 3: K642E, Spur 4: D820A und Spur 5: V560D_D820A. **C:** Relative Quantifizierung der Signalintensitäten von Hsp90 und den TAP-c-Kit Mutanten/ Wildtyp.

Tabelle 15: Statistisch signifikante Unterschiede der Affinitäten der TAP-c-Kit Mutanten mit Hsp90 (Hsp90 zu c-Kit)

c-Kit	Wildtyp	del557, 558	V559D	V560D	L576P	K642E	D820A	V560D_D820A
del557,558	-							
V559D	***	*						
V560D	***	**	*					
L576P	***	***	***	*				
K642E	***	***	***	-	-			
D820A	p=0,051	-	***	***	***	***		
V560D_D820A	**	-	-	p=0,055	**	***	***	
del557,558_Y823D	***	*	-	-	*	*	***	-

Abkürzungen für den p-Wert (p): * = p < 0,05; ** = p < 0,01, *** = p < 0,001

3.4.5 Verifizierung der Interaktion von Cdc37 mit den c-Kit Mutanten

Cdc37 ist ein Cochaperon von Hsp90 und spielt eine zentrale Rolle bei der Faltung und Stabilität von onkogenen Kinasen. c-Kit gilt bislang noch nicht als Klientenprotein von Cdc37, konnte aber im Rahmen dieser Arbeit als potentieller Interaktionspartner identifiziert werden (3.4.1 – 3.4.3). Die Interaktion von Cdc37 mit den c-Kit Mutanten und ggf. mit dem c-Kit Wildtyp wurde im reversen Ansatz mittels GST Pull-down-Assay verifiziert. Dazu wurde GST-Cdc37 und die TAP-c-Kit Mutanten bzw. dem TAP-c-Kit Wildtyp zu gleichen Teilen in HEK293T-Zellen transfiziert und über den GST-tag von Cdc37 aufgereinigt (2.4.9). GST-Cdc37 wurde samt Interaktionspartnern eluiert, auf einem SDS-Gel aufgetrennt und die Interaktionen im Western Blot zuerst mit einem anti-Flag Antikörper und anschließend mit einem anti-Cdc37 Antikörper nachgewiesen. Die Detektion mit dem anti-Flag-tag Antikörper visualisierte das gebundene TAP-c-Kit Protein und der anti-Cdc37 Antikörper das GST-Cdc37 Fusionsprotein (Abbildung 22). Als Negativkontrollen wurden untransfizierte HEK293T-Zellen (Daten nicht gezeigt) sowie nur GST-Cdc37 und GST-Cdc37 koexprimiert mit dem TAP-tag im GST Pull-down-Assay eingesetzt. Letzteres um unspezifische Interaktionen von GST-Cdc37 mit dem TAP-tag auszuschließen. Die Kontrollen zeigten kein Signal im Falle von untransfizieren HEK293T-Zellen. Das GST-Cdc37 Fusionsprotein konnte erwartungsgemäß bei den anderen

Kontrollen gesehen werden, jedoch keine Interaktion mit dem TAP-tag (Abbildung 22). Deshalb sind die im Folgenden beschriebenen Signale als spezifisch einzuordnen. Die untersuchten c-Kit Mutanten del557,558; V559D; V560D; K642E (Abbildung 22), sowie D820A und V560D_D820A (nicht in der Abbildung gezeigt), interagierten mit GST-Cdc37. Auch TAP-c-Kit Wildtyp interagierte mit GST-Cdc37, jedoch in deutlich geringem Maße. Da zusätzlich die Gesamtmenge an c-Kit Wildtyp im Zelllysat etwa 20-30-fach höher war, als bei den Mutanten, ist die Interaktion zwischen Cdc37 und dem c-Kit Wildtyp als sehr gering einzustufen.

Abschließend ist festzuhalten, dass anhand dieses reversen Versuchsansatzes die bereits beobachtete Interaktion zwischen den mutierten c-Kit Proteinen und Cdc37 bestätigt werden konnte. Folglich gelten c-Kit Proteine, im Besonderen c-Kit Mutanten, als neu identifizierte Klientenproteine von Cdc37.

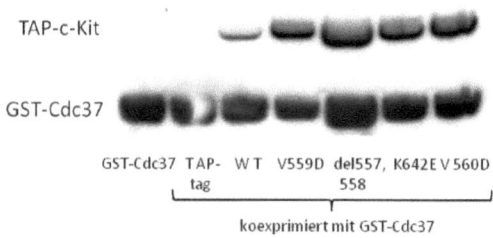

Abbildung 22: GST Pull-down-Assay mit GST-Cdc37

Das Fusionsprotein GST-Cdc37 wurde zusammen mit den TAP-c-Kit Proteinen in HEK293T-Zellen exprimiert und anschließend über GST aufgereinigt (2.4.9). Die Interaktion von GST-Cdc37 mit den c-Kit Mutanten wurde mit einem anti-Flag-tag Antikörper (obere Banden) und einem anti-Cdc37 Antikörper (untere Banden) im Western Blot visualisiert.

3.5 Inhibitorstudien zu Interaktionspartnern von c-Kit Wildtyp und c-Kit Mutanten

Der Hsp90 Inhibitor 17-Allylamino-17-demethoxygeldanamycin (17AAG), auch Tanespimycin genannt, ist ein Geldanamycin-Derivat. 17AAG bindet an die ATP-Bindetasche von Hsp90 und inhibiert dessen zytosolische Funktion. Für viele onkogene Proteine, wie auch c-Kit, hat Hsp90 eine stabilisierende Funktion und verhindert damit deren proteasomle Degradierung. Im Rahmen dieser Arbeit konnte bereits gezeigt werden, dass c-Kit Wildtyp nur in sehr geringem Maße an Hsp90 bindet und die GIST-assoziierten c-Kit Mutanten dies unterschiedlich stark tun (3.4.3, 3.4.4). Nun sollte untersucht werden, ob 17AAG auch eine unterschiedliche Wirkung auf die c-Kit Mutanten hat. Dazu wurden vergleichende Studien in Gesamtzelllysaten von TAP-c-Kit Mutanten /-Wildtyp exprimierenden HEK293T-Zellen in An- und Abwesenheit von 17AAG durchgeführt (3.5.1 bis 3.5.3). Im Weiteren wurde untersucht, ob die relative Bindung von Hsp90 und Cdc37 an c-Kit unter Zugabe von 17AAG reduziert wird (3.5.4).

3.5.1 Dosis-Wirkungskurven von 17AAG

Die rekombinanten c-Kit Mutanten und der c-Kit Wildtyp zeigten differentielle Affinitäten zu Hsp90 und Cdc37 (3.4.4). Es wurde vermutet, dass diese Affinitäten sowohl mit der Proteinstabilität als auch mit der Sensitivität für Hsp90 Inhibitoren einhergehen. Deshalb sollten, wie im Folgenden beschrieben, die Hsp90 Inhibitorwirkungen auf die c-Kit Mutanten und den c-Kit Wildtyp untersucht werden. Dazu wurde zunächst überprüft, ob der Hsp90 Inhibitor 17AAG eine Wirkung auf die rekombinanten c-Kit Proteine hat und bei welcher Dosis eine solche Wirkung zu sehen ist. Hierzu wurden HEK293T-Zellen transient mit den TAP-c-Kit Konstrukten (Wildtyp und Mutanten) transfiziert und nach 42 h über einen Zeitraum von 6 h mit unterschiedlichen 17AAG-Konzentrationen behandelt. Es wurden 17AAG-Konzentrationen zwischen 1,5-9 µM ausgewählt, als Kontrolle wurden unbehandelte Zellen verwendet. 48 h nach der Transfektion wurden die Zellen geerntet und lysiert (2.4.1). Die Proteinmengen wurden mittels Bradford-Assay bestimmt und äquivalente Gesamtmengen an Zelllysat im Western Blot mit einem anti-β-Aktin Antikörper analysiert. Aufgrund der IgG-Bindedomäne in den TAP-c-Kit Proteinen waren auch diese sichtbar, weshalb eine relative Quantifizierung von TAP-c-Kit zu β-Aktin in einem Blot durchgeführt werden konnte. Die Dosis-Wirkungskurve wurde mit c-Kit Wildtyp, sowie den c-Kit Mutanten V560D und D820A durchgeführt (Abbildung 23 A und B). Es zeigte sich bereits bei einer Dosis von 1,5 µM 17AAG eine deutliche Reduzierung der Proteinmengen von c-Kit V560D und c-Kit D820A, wobei c-Kit V560D einen etwas stärkeren Effekt zeigte. Höhere 17AAG-Konzentrationen bewirkten eine weitere, wenn auch deutlich geringere, Degradierung der Mutanten. c-Kit Wildtyp hingegen degradierte nur minimal bei Behandlung mit 1,5 µM 17AAG. Erhöhte 17AAG-Konzentrationen von bis zu 9 µM bewirkten ebenfalls nur eine geringe Degradierung des Wildtyp-Proteins. Für die weiteren Untersuchungen der Inhibitorwirkung auf die c-Kit Mutanten und den Wildtyp wurden 17AAG-Konzentrationen von 1,5 µM und 3 µM ausgewählt.

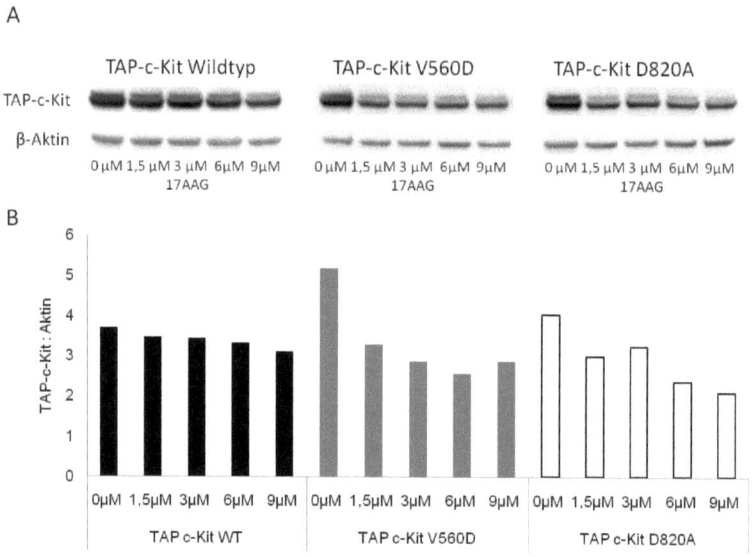

Abbildung 23: Dosis-Wirkungskurven von 17AAG auf TAP-c-Kit Wildtyp, V560D, D820A

HEK293T-Zellen wurden transient mit den TAP-c-Kit Konstrukten transfiziert und für 6 h mit unterschiedlichen Mengen (1,5-9 µM) 17AAG behandelt; als Kontrolle dienten unbehandelte Zellen. Nach 48 h wurden alle Zellen geerntet und lysiert. Äquivalente Proteinmengen wurden im Western Blot durch einen anti-β-Aktin Antikörper analysiert und diese Signalintensitäten zur Normalisierung von TAP-c-Kit verwendet. A: Zeigt Ausschnitte von Western Blots von c-Kit Wildtyp, V560D und D820A B: Quantifizierung der Mengen an c-Kit unter Behandlung von 1,5-9 µM 17AAG relativ zu β-Aktin.

3.5.2 Zeitabhängige Wirkung von 17AAG

Die Wirkung von 17AAG auf die TAP-c-Kit Mutanten und dem Wildtyp wurde im Hinblick auf dessen Inkubationsdauer untersucht. Dabei sollte die Inhibitor-bedingte Degradierung von c-Kit bestimmt werden. Dazu wurden c-Kit Wildtyp sowie c-Kit V560D, K642E, D820A und V560D_D820A exprimierende HEK293T-Zellen für 0-24 h mit 1,5 µM 17AAG behandelt. Die Zellen wurden unabhängig von der Dauer der Inhibitor-Behandlung nach 48 h geerntet und lysiert (2.4.1). Die Proteinkonzentrationen wurden bestimmt und äquivalente Proteinmengen im Western Blot analysiert. Als Ladekontrolle zur relativen Quantifizierung von TAP-c-Kit diente das Signal eines anti-β-Aktin Antikörpers. In Abbildung 24 B-F sind die Signalintensitäten der untersuchten c-Kit Mutanten und des Wildtyps normalisiert mit β-Aktin über einen Behandlungszeitraum von 0-24 h dargestellt. Da die Proteinexpression und die Inhibitor-bedingte Proteindegradierung gleichzeitig abliefen, wurden als Kontrolle HEK293T-Zellen mit dem c-Kit V560D Konstrukt transfiziert und jeweils zum Zeitpunkt der Inhibitor-Behandlung geerntet. Das Kontrollexperiment ergab, dass sich die Proteinexpression innerhalb von 0-6 h kaum erhöhte, eine Expressionsdauer von 24 h zeigte eine sichtbar höhere Proteinexpression (Abbildung 24 A). Die behandelten c-Kit Mutanten V560D, K642E und V560D_D820A zeigten bereits nach einer Stunde eine 17AAG-bedingte Degradierung von ca. 15-20 % (Abbildung 24 B, D, F). Bei längerer Inkubationsdauer degradierten die genannten c-Kit Mutanten weiterhin, jedoch sichtlich weniger. Die c-Kit Mutante D820A hingegen zeigte bei einer einstündigen 17AAG-Inkubation nahezu keinen Effekt, degradierte aber mit zunehmender Inkubationsdauer leicht (Abbildung 24 E). c-Kit Wildtyp zeigte einen geringeren Inhibitor-Effekt, sowohl nach einer Stunde als auch mit zunehmender Inkubationsdauer (Abbildung 24 C).

Die Inhibitor-Effekte auf die einzelnen c-Kit Mutanten und c-Kit Wildtyp wurden genauer untersucht und werden im folgenden Abschnitt (3.5.3) beschrieben.

Ergebnisse

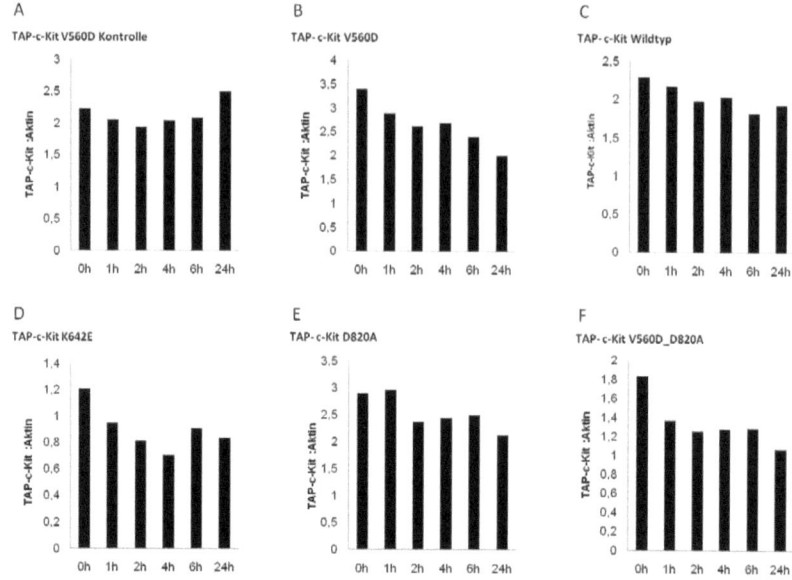

Abbildung 24: Zeitabhängige 17AAG-Behandlung von c-Kit Mutanten

HEK293T-Zellen wurden mit den TAP-c-Kit Konstrukten: Wildtyp, V560D, K642E, D820A, sowie V560D_D820A transient transfiziert und für 1-24 h mit 1,5µM 17AAG behandelt und anschließend lysiert. (2.4.1). Gleiche Proteinmengen wurden im Western Blot mit einem anti-β-Aktin Antikörper analysiert, womit die Bandenintensitäten von TAP-c-Kit normalisiert wurden. A: Relative Quantifizierung von TAP-c-Kit V560D zu β-Aktin ohne 17AAG-Behandlung (Kontrollexperiment). B-F: Relative Quantifizierung des TAP-c-Kit Wildtyps (B) und der TAP-c-Kit Mutanten (C-F) unter 17AAG-Behandlung von 1-24 h.

3.5.3 17AAG Wirkung auf c-Kit Mutanten und c-Kit Wildtyp

Die degradierende Wirkung von 17AAG auf die c-Kit Proteine wurde, wie im Folgenden beschrieben, genauer untersucht. Dazu wurden die Zelllysate von TAP-c-Kit Mutanten und TAP-c-Kit Wildtyp exprimierenden HEK293T-Zellen entweder mit 1,5 µM oder mit 3 µM 17AAG für 6 h behandelt. Nach 48 h wurden diese geerntet, lysiert und gleiche Proteinmengen im Western Blot mit einem anti-β-Aktin Antikörper analysiert. Die rekombinanten c-Kit Proteine, sichtbar aufgrund ihrer IgG-Bindedomänen, wurden quantifiziert und mit den Signalen von β-Aktin normalisiert. Für die Untersuchungen wurden Mutanten aus den unterschiedlichen c-Kit Domänen ausgewählt: V560D (n = 7),

K642E (n = 4), V560D_D820A (n = 4), D820A (n = 6), sowie c-Kit Wildtyp (n = 6). Zur Bestimmung der Degradierung wurde für jedes Experiment je eine Probe unbehandelter und 17AAG-behandelter c-Kit exprimierender Zellen eingesetzt. Die Berechnung der Degradierung erfolgte durch Quantifizierung der c-Kit Signale von 17AAG-behandelten und unbehandelten Zellen im Western Blot. Die Degradierung von c-Kit Wildtyp betrug durchschnittlich 1,2 % und war damit signifikant geringer als die 17AAG-bedingte Degradierung der c-Kit Mutanten (Abbildung 25). c-Kit D820A wies mit einer durchschnittlichen Degradierung von 20,9 % einen signifikant geringeren Inhibitor-Effekt auf als die übrigen untersuchten Mutanten. V560D und K642E degradierten zu durchschnittlich 30,4 % und 26,8 %. Die Imatinib-resistente c-Kit Mutante V560D_D820A degradierte mit durchschnittlich 36,2 % etwas stärker. Es zeichneten sich somit mutationsspezifische Inhibitor-Sensitivitäten für die untersuchten c-Kit Mutanten sowie für c-Kit Wildtyp ab. Die statistisch ermittelten signifikanten Unterschiede sind in und Tabelle 16 dargestellt.

Ergebnisse

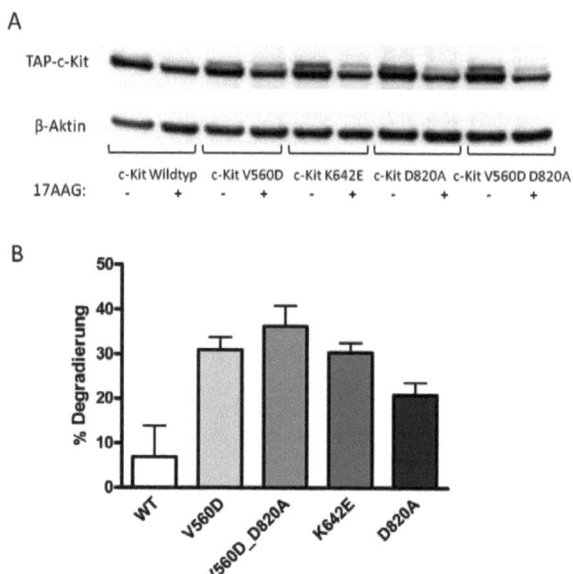

Abbildung 25: Degradierung von TAP-c-Kit unter 17AAG-Behandlung

Äquivalente Mengen an, unbehandelten und mit 17AAG behandelten Zelllysaten, wurden im Western Blot analysiert. Die Signalintensitäten der TAP-c-Kit Proteine wurden mit denen von β-Aktin normalisiert. **A**: Western Blots Ausschnitt von TAP-c-Kit Wildtyp, V560D, K642E, V560D_D820A sowie D820A jeweils unter 17AAG-Behandlung (+) und unbehandelt (-) **B**: 17AAG-bedingten Degradierung in %; berechnet aus dem Quotienten der TAP-c-Kit Proteinmengen von unbehandelten und behandelten Zellen.

Tabelle 16: Signifikante Unterschiede bei der 17AAG-bedingte Degradierung

	c-Kit Wildtyp	c-Kit V560D	c-Kit K642E	c-Kit V560D_D820A
c-Kit V560D	***			
c-Kit K642E	**	-		
c-Kit V560D_D820A	**	-	-	
c-Kit D820A	*	*	*	*

Abkürzungen für den p-Wert (p): * = $p < 0{,}05$; ** = $p < 0{,}01$; *** = $p < 0{,}001$

3.5.4 Wirkung von 17AAG auf die Bindung zwischen c-Kit und Hsp90/Cdc37

Die Untersuchungen der Effekte des Hsp90 Inhibitors 17AAG auf die (TAP-fusionierten) c-Kit Mutanten und den c-Kit Wildtyp in Gesamtzelllysaten zeigten eine deutliche Degradierung von bis zu 36 % im Falle der c-Kit Mutanten. c-Kit Wildtyp hingegen degradierte bei identischer Inhibitor-Behandlung nur minimal (3.5.3). Des Weiteren sollte untersucht werden, inwiefern die Bindungsaffinitäten von Hsp90 bzw. Cdc37 mit den c-Kit Mutanten oder dem c-Kit Wildtyp durch 17AAG-Behandlung beeinflusst werden. 17AAG besetzt kompetitiv die ATP-Bindestelle von Hsp90 und inhibiert damit die ATPase-Aktivität von Hsp90 (Prodromou 1997; Stebbins 1997; Pearl 2005). Vergleichende Immunpräzipitationsstudien mit unbehandelten und mit 17AAG-behandelten c-Kit Mutanten oder c-Kit Wildtyp exprimierenden HEK293T-Zellen, wurden durchgeführt (2.4.8). Dabei wurden die Zellen mit 3 µM 17AAG für 6 h behandelt und das Zelllysat von 3-4 mg Gesamtprotein zur Immunpräzipitation eingesetzt. Die Analyse der Eluate erfolgte im Western Blot mit einem anti-Hsp90 Antikörper und nach Herauswaschen des Antikörpers (*stripping*) mit einem anti-Cdc37 Antikörper. Die Bandenintensitäten von Hsp90 und Cdc37 wurden relativ zu denen der c-Kit Mutanten bzw. dem Wildtyp, quantifiziert (2.4.12). Die Untersuchungen wurden mit c-Kit Wildtyp, V560D, K642E sowie D820A (jeweils n=4) durchgeführt.

Die gemessenen Bindungsaffinitäten von Hsp90 und Cdc37 zu den c-Kit Proteinen in An- und Abwesenheit von 17AAG sind in Abbildung 26 dargestellt. Die c-Kit Mutanten V560D und K642E zeigten deutlich reduzierte Bindungsaffinitäten zu Hsp90 und Cdc37 bei Behandlung mit 17AAG. c-Kit Wildtyp wies ohnehin eine sehr geringe Affinität zu Hsp90 und Cdc37 auf, die 17AAG-Behandlung bewirkte daher kaum einen Effekt. Unter 17AAG-Einfluss zeigte die c-Kit Mutante D820A hingegen eine tendenziell leicht erhöhte Affinität zu Hsp90 und Cdc37. Anzumerken ist auch, dass die Interaktionen der c-Kit Proteine mit Hsp90 analog zu denen mit Cdc37 waren. Auch die 17AAG-bedingte Reduzierung der Bindungsaffinitäten waren für Hsp90 und Cdc37 jeweils analog. Anhand dieser Ergebnisse konnte gezeigt werden, dass 17AAG einen Effekt auf die Bindungsaffinitäten zwischen den c-Kit Mutanten und Hsp90 sowie Cdc37 hat. Die mutationsspezifischen Bindungsaffinitäten von Hsp90 zu den c-Kit Mutanten/Wildtyp entsprechen denen in Abschnitt 3.4.4 ausführlich beschriebenen.

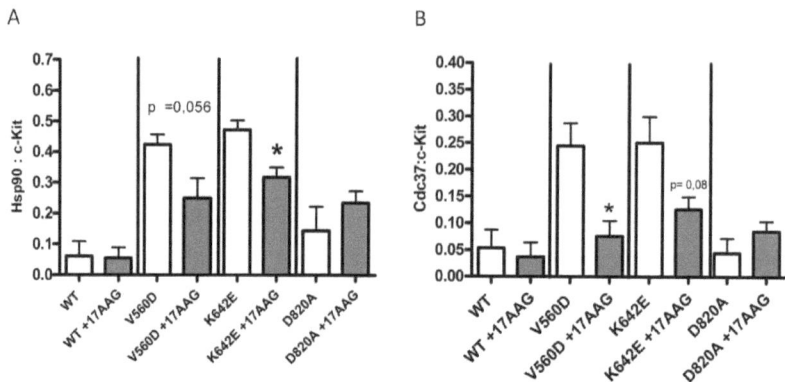

Abbildung 26: Wirkung des 17AAG-Inhibitors auf die Bindungsaffinitäten der c-Kit Mutanten zu Hsp90 und Cdc37
Die Immunopräzipitation wurde parallel mit 17AAG-behandelten und unbehandelten TAP-c-Kit enthaltende Zelllysaten durchgeführt (2.4.8). Im Western Blot wurden die Bandenintensitäten von Hsp90 bzw. Cdc37 relativ zu denen der TAP-c-Kit Proteine bestimmt (2.4.12). **A:** Quantifizierten Signale von Hsp90 zu den c-Kit Proteinen aus je n = 4 unbehandelten und 17AAG-behandelten immunopräzipitierten Zelllysaten. **B:** Quantifizierten Signale von Cdc37 zu den c-Kit Proteinen aus je n = 4 unbehandelten und 17AAG-behandelten immunopräzipitierten Zelllysaten.

4 Diskussion

Ziel dieser Arbeit war es, Protein-Interaktionen von c-Kit Wildtyp und den klinisch relevantesten GIST-assoziierten c-Kit Mutanten zu identifizieren. Durch vergleichende Untersuchungen mit verschiedenen primären und Imatinib-resistenten, sekundären c-Kit Mutanten und dem c-Kit Wildtyp sollten bereits bekannte Medikamenten-Zielmoleküle bezüglich ihrer Genotyp-spezifischen Bindung charakterisiert werden. Darüber hinaus sollten neue, potentielle Zielmoleküle für die GIST-Therapie identifiziert und ebenfalls charakterisiert werden. Des Weiteren sollten die Wirkungen von Inhibitoren auf das Interaktionsnetzwerk von c-Kit untersucht werden. Als dafür geeignete Methode wurde die expressions-entkoppelte Tandem-Affinitätsreinigung (u-TAP), kombiniert mit massenspektrometrischer Analyse ausgewählt. Die u-TAP-Methode ist eine neuartige Form der TAP-Methode, die bislang nur für die katalytischen Untereinheiten der Proteinkinase A (PKA) etabliert wurde (Erlbruch 2010). Der Transfer dieser Methode auf eine Rezeptortyrosinkinase erfolgte im Rahmen dieser Arbeit mit c-Kit Wildtyp des Weiteren wurde eine davon abgewandelte Methode wurde für die c-Kit Mutanten etabliert.

4.1 Methodenetablierung und Charakterisierung der rekombinanten c-Kit Proteine

4.1.1 Kriterien für die Auswahl der expressions-entkoppelten TAP-Methode

Die expressions-entkoppelte TAP-Methode (u-TAP) ist im Wesentlichen eine Kombination aus dem klassischen TAP-Assay und einem Pull-down-Ansatz. Dabei wird das Köderprotein getrennt vom zu untersuchenden Zellsystem exprimiert. Zur Untersuchung der c-Kit Protein-Interaktionsnetzwerke eignete sich die u-TAP-Methode, kombiniert mit massenspektrometrischer Analyse, aus verschiedensten Gründen, die im Folgenden näher erläutert werden.

Die Identifizierung ganzer zellulärer Signalnetzwerke gelang in der Vergangenheit bereits mit der klassischen TAP-Methode (Bouwmeester 2004, Gavin 2002). Ein großer Vorteil ist der dabei zum Einsatz kommende Tandem-Affintätstag und die daraus resultierende zweistufige Affinitätsreinigung. Diese führt im Vergleich zur einstufigen Affinitätsreinigung zu einer deutliche Reduzierung falsch-positiver Interaktionspartner. Die Limitierung der klassischen TAP-Methode ist vor allem die durch Expression des Köderproteins induzierte, zelluläre SOS-Antwort. Diese erfordert eine Köderprotein Expression auf möglichst endogenem Niveau. Insbesondere bei der Übertragung der Methode auf eukaryotische Zellen stellt dies ein Problem dar, da sehr große Zellmengen nötig sind, um die Interaktionspartner massenspektrometrisch identifizieren zu können. Zur Umgehung dieser Problematik wurde die u-TAP-Methode entwickelt (Erlbruch 2010). Die Untersuchungen der Protein-Interaktionsnetzwerke von c-Kit sollten ebenfalls im eukaryotischen Zellsystem erfolgen, da dieses humanen GIST näher steht. Aus diesem Grund erschien der u-TAP-Assay als sehr geeignet und wurde im Rahmen dieser Arbeit für c-Kit etabliert. Des Weiteren hat die u-TAP-Methode die Vorteile der zweistufigen Reinigung über den TAP-tag, umgeht aber die Induktion einer zellulären SOS-Antwort durch die heterologe Expression des Köderproteins. Zusätzlich kann eine relativ große Menge an Köderprotein zum Zelllysat gegeben und somit eine hohe Kompetitionskraft erzielt werden. Ferner erlaubt die Expression des Köderproteins in einem vom zu untersuchenden getrennten Zellsystem dessen vollständige Charakterisierung. Diese kann hinsichtlich der Funktionalität des TAP-tags sowie der Kinaseaktivität, der Phosphorylierung und des Phosphorylierungsgrads erfolgen. Da das Muster, sowie der Grad der Tyrosinphosphorylierung starke Auswirkungen auf die Interaktion mit Signalproteinen haben, hatte dieser Aspekt für die Fragestellung dieser Arbeit besondere Bedeutung. Ferner ermöglicht die u-TAP-Methode einen sehr guten A/B Vergleich. So können definierte Mengen gut charakterisierter, unterschiedlicher Köderproteine zu Aliquots desselben Zelllysats gegeben oder Inhibitoren beigefügt werden. Dies ermöglichte sowohl vergleichende Untersuchungen zwischen den c-Kit Mutanten, z.B. zur Untersuchung der Imatinib-Resitenz, als auch zur Betrachtung von Inhibitor-Effekten. Ein weiterer Vorteil der Methode ist die freie Wahl des zu untersuchenden Zellsystems. So können neben Zelllinien auch Gewebe, Organe oder Zellkompartimente untersucht werden. Im konkreten Falle, könnten nach den Interaktionsstudien in Zelllinien auch GIS-Tumore untersucht werden. Ein theoretischer Nachteil der u-TAP-Methode besteht darin, dass sich das Köderprotein nachträglich *in vitro* in die Proteinkomplexe integrieren muss. Dazu wurden bislang noch keine

Untersuchungen durchgeführt. Des Weiteren Bedarf der u-TAP-Assay sowohl große Köderproteinmengen als auch große Mengen an Zelllysaten. Letzteres kann auch durchaus von Vorteil sein, da es die Analyse von Geweben und Tumoren ermöglicht.

4.1.2 Auswahl und Expression der c-Kit Köderproteine

Derzeit gibt es eine Reihe von verschiedenen TAP-tags, die sich sowohl in ihren Affinitätsmarkierungen, als auch in der Art der proteolytischen Spaltstellen unterscheiden. Für diese Arbeit wurde der TAP-tag von Knuesel ausgewählt (Knuesel 2003). Hierbei handelt es sich um eine modifizierte Form des ursprünglich entwickelten TAP-tags (Rigaut, 1999). Bei dem verwendeten TAP-tag wurde das Calmodulin-Bindeprotein (CBP) gegen das Flag-Peptid ausgetauscht. Das Flag-Peptid (DYKDDDDK) ist hydrophil, in vivo nicht weit verbreitet und deshalb sehr spezifisch. Es bindet deshalb im Vergleich zum CBP kaum unspezifische Proteine. Der verwendete TAP-tag hatte eine zweite Konsensussequenz für die TEV-Protease, die eine um 15-fach effizientere TEV-Spaltung ermöglicht (Knuesel 2003, Mayer 2005). Die im Rahmen dieser Arbeit eingesetzten Köderproteine, c-Kit Wildtyp und c-Kit Mutanten, wurden ausschließlich mit diesem TAP-tag fusioniert. Nach der Auswahl des geeigneten TAP-tags musste entschieden werden, welcher Teil des c-Kit Rezeptors für die TAP-Fusionsproteine verwendet werden sollte. Die Verwendung des gesamten 145 kDa großen c-Kit Rezeptors kam nicht in Betracht, da Membranproteine unlöslich und daher nur schwer zu exprimieren sind. Die Beschränkung auf den zytosolischen Teil von c-Kit (aa544-977) umgeht die schwere Exprimierbarkeit von Membranproteinen und ist ausreichend, um die mit Signalwegen assoziierten Protein- Interaktionen von c-Kit zu untersuchen.

Die Protein-Interaktionsstudien zielten darauf ab, sowohl neue Medikamenten-Zielmoleküle für die GIST-Therapie zu identifizieren, als auch bereits bekannte besser zu charakterisieren. Generell bei diesen Untersuchungen standen die c-Kit Genotyp-spezifischen Bindungseigenschaften im Mittelpunkt. Dazu wurden neben TAP-c-Kit Wildtyp die klinisch relevantesten GIST-assoziierten c-Kit Mutationen ausgewählt und als TAP-Fusionsproteine exprimiert (3.2.1). Bei der Auswahl der c-Kit Mutanten wurden folgenden Kriterien berücksichtigt: die klinische Relevanz, die Häufigkeit des Auftretens bei GIST und die Antwort auf Inhibitoren. In der Juxtamembran von c-Kit treten am häufigsten primäre Mutationen auf, aus dieser Region wurden die zwei häufigsten Mutationen (V560D und V559D) ausgewählt, beide sprechen sehr gut auf Imatinib an (Tarn 2005). Im Weiteren wurden zwei häufig auftretende Deletionen aus dieser c-Kit Region ausgewählt, del559 und del557,558, letztere ist für ein erhöhtes Metastasenrisiko bekannt (Wardelmann 2003, Martin 2005). Die Mutation L576P ist eine selten auftretende c-Kit Mutation und wird oft mit anderen Krebsarten als GIST-assoziiert, meist mit Melanomen. Diese Mutation wurde ausgewählt, da sie in *in vitro* Studien kaum Imatinib-Sensitivität zeigte (Woodman 2009, Conca 2009). Die c-Kit Mutation K642E ist die häufigste Mutation in der Kinase-Domänen I bei GIST und auch deshalb für die Untersuchungen interessant, da die GIST-Zelllinie GIST882 dieselbe c-Kit Mutation besitzt. Zur Untersuchung der Imatinib-Resistenz wurden die beiden prominentesten Imatinib-Resistenz-Mutationen ausgewählt (V560D_D820A und del557,558_Y823D). Diese Mutanten haben neben der Juxtamembran-Mutation auch eine Mutation im *activation loop* von c-Kit. Sehr selten bei GIST treten primäre Mutationen im *activation loop* auf, zur Untersuchung wurde die D820A Mutation eingesetzt.

Bei der Auswahl des Expressionssystems für die TAP-c-Kit Köderproteine wurden folgende Kriterien berücksichtigt: Zum einen musste ein Expressionssystem gefunden werden, um eine für den u-TAP-Assay ausreichend große Menge an TAP-c-Kit Köderproteine zu erzielen. Zum anderen sollten die Köderproteine möglichst die natürlich vorkommenden Modifikationen, wie Phosphorylierungen und Glykosylierungen, enthalten. Aus diesem Grund und wegen der Gefahr der Bildung von Einschlusskörpern (*inclusion bodies*) wurde von einer Expression in *E. coli* abgesehen. Eine leicht zu handhabende Säugerzelllinie sollte diese Bedingungen erfüllen, weshalb für die Expression der TAP-c-Kit Köderproteine die humane embryonale Nierenfibroblasten (HEK293T) ausgewählt wurden. Die dabei erzielten Mengen an Köderproteinen unterschieden sich deutlich, so zeigte das TAP-c-Kit Wildtyp-Protein eine schätzungsweise 20-30-fach höhere Expressionsrate verglichen mit den mutierten TAP-c-Kit Proteinen (3.1.1 und 3.2.2). Dies ist vermutlich auf die mangelnde Stabilität der mutierten Proteine und einem damit verbundenen verstärkten intrazellulären Abbau zurückzuführen. Dennoch ließen sich alle verwendeten TAP-c-Kit Köderproteine

Diskussion

vollständig exprimieren. Dies konnte durch Immundetektion mit einem anti-Flag Antikörper nachgewiesen werden. Dieser zeigte ein spezifisches Signal auf der Höhe des für TAP-c-Kit errechneten Molekulargewichtes von 69,5 kDa. Ferner konnte mittels LC-MS/MS-Analyse hohe Sequenzabdeckungen sowie die ersten und letzten Peptide aller TAP-c-Kit Fusionsproteine identifiziert werden. Dies spricht ebenfalls für eine vollständige Expression der TAP-c-Kit Proteine. Des Weiteren konnten die mutationsspezifischen Peptide von TAP-c-Kit- V560D, V559D, L576P, V560D_D820A, D820A sowie Y823D massenspektrometrisch identifiziert werden (3.2.2). Damit konnte die Mutation der jeweiligen c-Kit Proteine neben der DNA-Sequenzierung auch auf Protein-Ebene eindeutig nachgewiesen werden. Die Mutationen del557,558 und K642E führten zu nicht detektierbaren tryptischen Peptiden. Ein indirekter Mutationsnachweis war jedoch durch den spezifischen Peptidverlust (verglichen mit dem Wildtyp) gegeben. Es konnte somit sichergestellt werden, dass alle eingesetzten TAP-c-Kit Fusionsproteine vollständig exprimierbar waren und die gewünschte Mutation enthielten.

4.1.3 Charakterisierung der TAP-c-Kit Köderproteine

Ein Vorteil der u-TAP-Methode ist die Möglichkeit der vollständigen Charakterisierbarkeit der eingesetzten Köderproteine. Zunächst wurden der TAP-tag der TAP-c-Kit Proteine auf dessen Funktionalität hin überprüft. Für den Einsatz im u-TAP-Assay musste dieser vier Anforderungen genügen: Die Bindung zwischen IgG-Bindedomänen und IgG-Matrix, die daraufhin folgende proteolytische Abspaltung der IgG-Bindedomänen mittels TEV-Protease und im Folgenden die Bindung des Flag-tags an die anti-Flag-Matrix. Zuletzt musste das Köderprotein mit samt seinen gebundenen Interaktionspartnern kompetitv eluierbar sein. Zur Überprüfung dieser vier beschriebenen Anforderungen wurde für TAP-c-Kit Wildtyp eine TAP-Reinigung durchgeführt. Dabei zeigte sich, dass TAP-c-Kit Wildtyp, wie in Abschnitt 3.1.3 beschrieben, diese Anforderungen erfüllte und somit im u-TAP-Assay eingesetzt werden konnte. Weiterhin sollte die Reinheit des TAP-Assays beurteilt werden, was durch eine Untersuchung der Waschfraktionen und anschließender Dokumentation im SDS-Gel erfolgte (3.1.4). Der Verlauf der TAP-Reinigung von c-Kit Wildtyp zeigt die deutliche Reduzierung von unspezifischen Bindungen, welche durch die proteolytische Spaltung und die zweite Affinitätsreinigung gegeben waren. Der Vorteil der zweistufigen Reinigung zeigte sich durch die hohe Reinheit des Flag-c-Kit Köderproteins, die nach Aufreinigung über die Flag-Matrix vorlag. Nachteilig war der deutlich größere Köderproteinverlust, verglichen mit einer einstufigen Aufreinigungsmethode. Für die Interaktionspartneranalysen der TAP-c-Kit Mutanten stellte dies ein größeres Problem dar, da sich die TAP-c-Kit Mutanten deutlich schlechter exprimieren ließen und zu einer 20-30-fach geringeren Proteinausbeute führten. Zur Aufreinigung der Mutanten wurde eine verkürzte Tandem-Affinitätsreinigung etabliert (3.4.1). Diese erforderte von den Köderproteinen die Bindung der IgG-Bindedomänen an die IgG-Matrix und deren Abspaltung durch die TEV-Protease. Alle eingesetzten, mutierten c-Kit Köderproteine waren bezüglich dieser Anforderungen voll funktionsfähig und somit für den Assay einsetzbar (3.2.3).

4.1.4 Phosphorylierungsstatus von c-Kit Wildtyp und c-Kit Mutanten

Für die Übertragung von *in vitro* Protein-Interaktionsstudien auf intrinsische zelluläre Geschehnisse ist es von großer Bedeutung, dass das zu untersuchende Protein dem intrinsisch vorkommenden in seinen Eigenschaften möglichst nahe kommt. In diesem Zusammenhang spielen neben der Proteinstruktur und -Faltung die posttranslationalen Modifikationen eine wichtige Rolle. Dabei sind Phosphorylierungsmuster und der Phosphorylierungsgard bei Protein-Interaktionsstudien von hoher Wichtigkeit, insbesondere für die Bindung von Signalproteinen. Im Falle der Rezeptortyrosinkinase (RTK) c-Kit sind dies die Tyrosinphosphorylierungen, weshalb alle eingesetzten c-Kit Köderproteine auf Phosphorylierungsstellen hin untersucht wurden.

Phosphorylierungsstatus von c-Kit Wildtyp

Das c-Kit Wildtyp-Protein lag nach Expression in HEK293T-Zellen erwartungsgemäß in unphosphoryliertem Zustand vor (3.2.4). Intrinsisch erfolgt die Aktivierung durch Stimulation mit dem Liganden SCF, der an die extrazelluläre Domäne von c-Kit bindet. Diese Bindung führt zur Rezeptor-Dimerisierung und *trans*-Autophosphorylierung (Zhang 2000). Ohne Liganden-Bindung liegt c-Kit als nicht-phoshoryliertes Monomer vor. Das verwendete TAP-c-Kit Wildtyp Köderprotein bestand nur aus dem intrazellulären Teil des c-Kit Rezeptors, womit die Abwesenheit der Phosphorylierungsstellen zu erklären wäre.

Das nicht-phosphorylierte c-Kit Wildtyp Köderprotein kann daher als ein Modell für den unstimulierten Zustand des intrinsischen c-Kit Rezeptors gesehen werden. Neben dem Modell für das unstimulierte c-Kit Protein sollte auch ein Modell für die stimulierte, phosphorylierte Form von c-Kit Wildtyp für die Untersuchungen der Protein-Interaktionen eingesetzt werden. Dies erfolgte durch *in vitro* Phosphorylierung. Dabei konnten abhängig von der Dauer der Inkubation mit $MgCl_2$ und ATP maximal zehn Phosphotyrosinreste sowie ein Phosphoserinrest in TAP-c-Kit Wildtyp identifiziert werden (3.1.5). Die einzelnen Phosphorylierungsstellen sind Andockstellen für Signalproteine und im Falle von c-Kit sehr genau beschrieben. Die zehn identifizierten Tyrosinreste in c-Kit (pTyr-547, pTyr-553, pTyr-568, pTyr-570, pTyr-703, pTyr-721, pTyr-730, pTyr-823 und pTyr-936) sind bereits in der Literatur beschriebene Phosphorylierungsstellen ()(Roskoski 2005, DiNitto 2010). Lediglich die für c-Kit beschriebenen Stelle pTyr-900 konnte in TAP-c-Kit Wildtyp nicht gefunden werden (Lennartsson 2003). In einer vergleichbaren Studie wurden insgesamt nur acht der insgesamt elf Phosphotyrosinstellen in c-Kit Wildtyp identifiziert (DiNitto 2010). Da in dieser Arbeit zehn der elf Phosphorylierungsstellen identifiziert werden konnten, ist davon auszugehen, dass das *in vitro* phosphorylierte TAP-c-Kit Wildtyp-Protein dem intrinsischen, Liganden-stimulierten c-Kit Rezeptor bezüglich der Phosphorylierungsstellen sehr nahe kommt. Des Weiteren ist anzunehmen, dass auch beim rekombinanten TAP-c-Kit Protein, analog zum intrinsischen c-Kit, eine *trans*-Autophosphorylierungsreaktion abläuft. Laut Literatur werden nach Bindung des Liganden zunächst die Hauptautophosphorylierungsstellen Tyr-568 und Tyr-570 phosphoryliert (Mol 2003). Dadurch nimmt die Kinase ihre aktive Konformation an, ist enzymatisch aktiv und die *trans*-Autophosphorylierungsreaktion beginnt durch die gegenseitige Phosphorylierung weiterer Tyrosinreste (Mol 2004). Auch bei dem rekombinanten c-Kit Wildtyp wurden zunächst nur die Stellen Tyr-568 und Tyr-570 phosphoryliert, dies zeigte sich in Vorversuchen zur *in vitro* Phosphorylierung (Daten nicht gezeigt). Bei der Bestimmung der Aktivierungskinetik von TAP-c-Kit Wildtyp wurde das Protein für unterschiedliche Zeiträume *in vitro* phosphoryliert (3.1.5). Dabei lagen die beiden Hauptautophosphorylierungsstellen in c-Kit ebenfalls phosphoryliert vor, jedoch hatte zum ersten Messpunkt (nach 10 min) die Autophosphorylierungsreaktion vermutlich bereits begonnen, da weitere spezifische Phosphorylierungsstellen

Diskussion

identifiziert werden konnten. Im weiteren Verlauf der Aktivierungskinetik war ein zeitlicher Anstieg der Phosphorylierungsgrade aller oben genannten Tyrosinreste zu sehen, was ebenfalls für eine Autophosphorylierungsreaktion spricht. Das zusätzlich identifizierte Phosphoserin zeigte keinen kinetischen Anstieg, weshalb es als unspezifisch einzuordnen ist, was auch in der Literatur so beschrieben wurde (DiNitto 2010). In der durchgeführten Aktivierungskinetik wird das Tyr-823 im *activation loop* von c-Kit zuletzt phosphoryliert, was mit der Literatur übereinstimmt (Mol 2004).

Zusätzlich sollte untersucht werden, ob die rekombinante c-Kit Kinase neben der vermuteten *trans*-Autophosphorylierung weitere Substrate phosphorylieren kann. Diese Bestimmung erfolgte im Rahmen eines Kinase-Assays (3.1.6). Dazu wurde als Substrat ein Peptid aus der Kinase-Domäne des *kinase insert domain receptors* (KDR) ausgewählt. Das KDR-Peptid enthielt einen von c-Kit phosphorylierbaren Tyrosinrest (Tyr-966). Da KDR wie c-Kit, ebenfalls der Klasse III der Rezeptortyrosinkinasen angehört, diente das KDR-Peptid wahrscheinlich auch als Modell-Substrat für die intrinsisch vorkommende Rezeptor-Dimerisierung und Autophosphorylierung. Dies bestätigte sich, da KDR nur dann von c-Kit phosphoryliert werden konnte, wenn es zuvor nicht autophosphoryliert wurde, also unphosphoryliert im Kinase-Assay eingesetzt wurde. Lag c-Kit bereits im phosphoryliertem Zustand vor war es nicht in der Lage das Substrat zu phosphorylieren. Dies legt nahe, dass c-Kit neben der *trans*-Autophosphorylierung keine weiteren Substrate phosphorylieren kann. Im Rahmen des Kinase-Assays konnte zusätzlich gezeigt werden, dass die Tyrosinkinase-Inhibitoren Imatinib und Sunitinib eine inhibitorische Wirkung auf c-Kit haben, indem sie die Phosphorylierung des KDR-Peptids verhindert hatten. Diese inhibitorische Wirkung unterstreicht die Güte des „c-Kit-Modells" und ist für die weiteren Protein-Interaktionsanalysen von großer Bedeutung.

Zusammenfassend ergaben diese Untersuchungen, dass TAP-c-Kit Wildtyp sowohl im nicht-aktivierten, unphosphorylierten, als auch im phosphorylierten Zustand dem intrinsisch vorkommenden Protein nahe steht und für die Bestimmung von Protein-Interaktionen eingesetzt werden kann. Zusätzlich konnten die Hemmung der Kinase-Aktivität durch Imatinib und Sunitinib gezeigt werden.

Phosphorylierungsstatus der c-Kit Mutanten

GIST-assoziierte c-Kit Mutanten haben eine aktivierende Mutation (*gain of function*), deren Charakteristika die Liganden-unabhängige konstitutive Aktivität ist (Hirota 1998). Demgemäß wurde erwartet, dass die rekombinanten c-Kit Mutanten nach ihrer Expression bereits phosphoryliert vorliegen, was bei den meisten c-Kit Mutanten der Fall war. Die Phosphorylierungsstellen der c-Kit Mutanten wurden sowohl mittels eines sehr sensitiven Orbitrap-Massenspektrometers, als auch im Immunoblot mit positionsspezifischen phospho-c-Kit Antikörpern untersucht (3.2.4). Für die Untersuchungen im Immunoblot wurden vier c-Kit Mutanten mit Mutationen aus unterschiedlichen c-Kit Regionen (V560D, K642E, V560D_D820A, D820A) sowie c-Kit Wildtyp als „Negativkontrollprotein" ausgewählt und mit positionsspezifischen Antikörpern (anti-c-Kit $pY^{568,570}$ und anti-c-Kit pY^{721}) untersucht. Erwartungsgemäß war c-Kit Wildtyp an den untersuchten Tyrosinresten nahezu nicht phosphoryliert, überraschenderweise auch die Mutante K642E. Die übrigen c-Kit Mutanten V560D, V560D_D820A und D820A waren an Tyr-568,570 und Tyr-721 deutlich phosphoryliert. Die Massenspektrometriedaten bestätigten die Abwesenheit einer Tyrosinphosphorylierung in c-Kit K642E und dem Wildtyp. Bei den c-Kit Mutanten V560D, V560D_D820A, D820A sowie L576P konnten auch massenspektrometrisch deutliche Phosphorylierungen an Tyr568 (40-73 %) gesehen werden, darüber hinaus jedoch keine weiteren Phosphorylierungsstellen. Bei den c-Kit Mutanten del557,558 und del557,558_Y823D entstand aufgrund ihrer Mutation (del557,558) ein nicht-detektierbares tryptisches Peptid im Bereich von Tyr-568, weshalb die Phosphorylierungsbestimmung dort nicht möglich war. Abgesehen von diesen beiden Proteinen lagen alle untersuchten c-Kit Mutanten phosphoryliert vor; mit Ausnahme von K642E. Der unphosphorylierte Zustand der c-Kit Kinase-Domäne Mutante K642E wurde bislang noch nicht in der Literatur beschrieben. Vergleichbare Untersuchungen gibt es derzeit nicht. Da mit beiden angewandten Methoden dasselbe Ergebnis erzielt werden konnte, ist dieser Befund als glaubhaft einzuordnen. Im Unterschied zu den Untersuchungen im Immunoblot ergaben die massenspektrometrischen Analysen nur die Phosphorylierung von Tyr-568. Die Signale von pTyr-721 im Immunoblot scheinen eher auf die unspezifische Bindung der positionsspezifischen Antikörper zurückzuführen

Diskussion

zu sein, da die massenspektrometrische Analyse im Allgemeinen als sensitiver gilt. Nähere Untersuchungen dazu wurden jedoch nicht gemacht. Bei der Kristallstruktur von aktivem c-Kit wurden pTyr-568 und pTyr-570 als phosphoryliert vorgefunden und gelten daher als Hauptautophosphorylierungsstellen (Mol 2004). Die enzymatisch aktive c-Kit Struktur besteht jedoch lediglich aus ADP und Mg^{2+} und der Seitenkette von pTyr-568, die wiederum an die aktive Seite der Kinase gebunden ist (Mol 2003). pTyr-570 hingegen befindet sich außerhalb des aktiven Zentrums und verstärkt die Substratbindung durch Bildung einer Salzbrücke mit dem *activation loop* Arg-830. Diese Beobachtung legt nahe, dass eine Phosphorylierung an Tyr568 alleine ausreichen könnte, damit die Kinase ihre aktive Konformation einnimmt. Demzufolge kann angenommen werden, dass die rekombinanten c-Kit Mutanten konstitutiv aktiv vorliegen, somit die klinische Situation widerspiegeln und folglich ein geeignetes Ausgangsmaterial für Interaktionspartner-Analysen darstellen.

4.1.5 Expressions-entkoppelte Tandem-Affinitätsreinigung mit c-Kit Wildtyp

Mit der Übertragung der u-TAP-Methode auf c-Kit Wildtyp wurde die Methode erstmals an einer Rezeptortyrosinkinase angewandt. Bei der Etablierung des u-TAP-Assays für c-Kit mussten die chromatographischen Affinitätsreinigungsschritte für die Anwendung auf c-Kit abgestimmt und optimiert werden. Dies beinhaltete vor allem die Auswahl der Waschpuffer und die Anzahl der Waschschritte. Darüber hinaus mussten zwei Punkte des ursprünglichen Protokolls, das bislang nur für die katalytischen Untereinheiten der PKA etabliert wurde, für die Anwendung auf c-Kit völlig neu entwickelt werden (Erlbruch 2010). Dazu zählte zum einen die Aufreinigung des Köderproteins aus dem Zelllysat und zum anderen dessen *in vitro* Phosphorylierung. Nach der Aufreinigung aus dem Zelllysat sollte das Köderprotein bereits möglichst sauber vorliegen, da es galt, die Interaktionspartner ausschließlich aus dem zu untersuchenden, externen Zellsystem zu identifizieren. Die Aufreinigung von TAP-c-Kit Wildtyp aus dem Zelllysat erfolgte durch die Bindung der IgG-Bindedomänen an die IgG-Matrix und anschließendem stringenten Waschen. Die Güte dieser Aufreinigung wurde im Rahmen des klassischen TAP-Assays, durch Dokumentation der jeweils ersten und letzten Waschfraktionen auf einem SDS-Gel überprüft (3.1.4). Des Weiteren wurde das Eluat -das aufgereinigte Flag-c-Kit

Köderprotein - im SDS-Gel auf dessen Interaktionspartner hin untersucht. Dabei zeigte sich, dass neben der prominentesten Bande des Köderproteins noch schwache Gelbanden von Proteinen der Hsp70 Familie, sowie stärkere Banden der TEV-Protease und der IgG-Ketten massenspektrometrisch identifiziert werden konnten (3.1.4 Abbildung 8 B). Da die Proteine der Hsp70 Familie nicht untersucht werden sollten, die TEV-Protease und die IgG-Ketten eindeutig zuzuordnen und sowieso für die Identifizierung neuer Bindepartner irrelevant waren, wurde diese Form der Köderprotein Reinigung als ausreichend befunden. Eine weitere Möglichkeit wäre gewesen, einen zusätzlichen His-tag anzubringen und das Köderprotein auf diesem Wege zu reinigen. Die in vitro Phosphorylierung des Köderproteins erfolgte nach dessen Aufreinigung in IgG-Matrix-gebundenem Zustand durch Inkubation mit $MgCl_2$ und ATP. Dabei konnten zehn für c-Kit spezifische Phosphotyrosinreste identifiziert werden (3.1.5). Das Köderprotein war nach der Aktivierung weiterhin voll funktionsfähig und die Tyrosinphosphorylierungsstellen auch nach 12-stündiger Lagerung (4 °C) stabil (3.3.1). Dies war von großer Bedeutung, da das Köderprotein erst am zweiten Versuchstag im u-TAPAssay eingesetzt wurde. Hierbei ist anzumerken, dass die jeweiligen Phosphorylierungsgrade durch die Lagerung über Nacht abnahmen (3.3.2, Tabelle 10). Obwohl das Protein aufgereinigt und IgG-Matrix-gebunden gelagert wurde, könnten möglicherweise geringe Mengen an Phosphatase ursächlich dafür sein.

Die Güte und Reinheit des u-TAP-Assays wurde durch die Untersuchung der Waschfraktionen im SDS-Gel kontrolliert. Im Besonderen spiegelten die ersten und letzten Waschfraktionen nach der IgG-Reinigung und der Flag-Reinigung den Verlauf und die Spezifität des gesamten Assays wieder (3.3.1). Da die jeweils letzten Waschfraktionen sauber waren und nur wenige unspezifische Proteine aufwiesen, konnte von der richtigen Wahl der Waschpuffer in der Art und Stringenz ausgegangen werden. Unvermeidlich ist das Auftreten von unspezifischen Bindepartnern, die an den TAP-tag binden. Durch den Einsatz des TAP-tag Kontrollproteins im u-TAP-Assay konnten diese als sog. falsch-positive Interaktionspartner identifiziert werden. Es handelte sich dabei vorwiegend um Zytoskelettproteine. Abschließend kann man sagen, dass sich die Spezifität und Güte der u-TAP-Methode auch bei der Anwendung auf c-Kit Wildtyp sicher gestellt wurde. Folglich ist der etablierte u-TAP-Assay für Protein-

Interaktionsstudien von c-Kit Wildtyp einsetzbar. Das etablierte Protokoll ist schematisch in Abschnitt 3.3.1, Abbildung 15 dargestellt

4.1.6 Verkürzte TAP-Methode zur Aufreinigung der c-Kit Mutanten

Die mutierten c-Kit Proteine wurden mit einer verkürzten TAP-Methode aufgereinigt, da deren Proteinausbeuten nach Expression in HEK293T-Zellen zu gering für den Einsatz im u-TAP-Assay gewesen wären (3.4.1). Die verkürzte Tandem-Affinitätsreinigung umfasst die Aufreinigung des Köderproteins über die IgG-Matrix aus dem Zelllysat und die anschließende proteolytische Abspaltung mittels TEV-Protease. Im Vergleich zur einstufigen Reinigung über die IgG-Bindedomänen führte die proteolytische Abspaltung der IgG-Bindedomänen zu einer deutlich besseren Aufreinigung (Daten nicht gezeigt). Bei dieser Reinigungsmethode könnte von Vorteil sein, dass sich das Köderprotein *in vivo* an die Proteinkomplexe anlagert und nicht wie beim u-TAP-Assay *in vitro*. Nachteilig könnte zum einen die mögliche Induktion einer zellulären SOS-Antwort durch Expression des Köderproteins sein. Zum anderen handelt es sich bei der verkürzten TAPMethode lediglich um eine einstufige chromatographische Aufreinigung, die eine geringere Spezifität mit sich bringt. Aufgrund dieser Nachteile wurden die wichtigsten Beobachtungen nochmals mit weiteren Methoden verifiziert. Die Verifizierung der Interaktionen von Cdc37 mit den c-Kit Mutanten erfolgte durch Immunopräzipitation und zusätzlich in einem reversen Ansatz - im GST Pull-down-Assay unter Einsatz des GST-Cdc37 Fusionsproteins. Die beobachteten differentiellen Interaktionen der c-Kit Mutanten mit Hsp90 wurden durch quantitative Immunopräzipitation mit einem anti-c-Kit Antikörper verifiziert.

4.2 Interaktionspartner Analyse von c-Kit Wildtyp

4.2.1 Identifizierung phosphorylierungsspezifischer Interaktionspartnern von c-Kit Wildtyp

Das Phosphorylierungsmuster sowie der Phosphorylierungsgrad von Kinasen spielen eine entscheidende Rolle bei der Bindung von Interaktionspartnern und haben somit einen starken Einfluss auf das Protein-Interaktionsnetzwerk. Der Einfluss der Tyrosinphosphorylierung von c-Kit Wildtyp auf das Protein-Interaktionsnetzwerk sollte deshalb im u-TAP-Assay durch den Einsatz von phosphoryliertem und unphosphoryliertem TAP-c-Kit Köderprotein näher untersucht werden. Dabei diente das nicht-phosphorylierte TAP-c-Kit Köderprotein als Modell für den intrinsisch vorkommenden unstimulierten, monomeren und damit unphosphorylierten c-Kit Rezeptor. Das *in vitro* phosphorylierte c-Kit Köderprotein hingegen simulierte den intrinsisch vorkommenden dimerisierten, *trans*-autophosphorylierten und damit aktivierten Zustand des c-Kit Rezeptors (vgl. Abschnitt 4.1.4). Der Einsatz dieser Köderproteine im u-TAP-Assay erlaubt einen direkten A/B-Vergleich, da gleiche Mengen an eluiertem Köderprotein, mit identischem zellulären Hintergrund, eingesetzt werden können.

Unabhängig vom Phosphorylierungsstatus des c-Kit Wildtyp Köderproteins konnten im Gesamtzelllysat von HeLa-Zellen mehr als 40 Bindepartner, abzüglich der identifizierten Proteine aus der Negativkontrolle, gefunden werden (3.3.2). Als c-Kit Bindepartner wurden sowohl bereits beschriebene, als auch potentielle, neue Bindepartner identifiziert. Dazu gehörten Proteine aus dem Zytoskelett, Chaperone, Stoffwechselenzyme und proliferationsrelevante Proteine. Bei den proliferationsrelevanten Proteinen wurde das *Proliferating cell nuclear antigen* (PCNA) und Prohibitin als mit c-Kit Wildtyp interagierend gefunden. PCNA kontrolliert die DNA-Replikation und gilt als Proliferationsmarker, Prohibitin gilt als negativer Regulator der Zellproliferation und ist möglicherweise ein Tumor-Suppressor. Über die Interaktion von c-Kit mit Prohibitin ist bislang nichts in der Literatur bekannt, PCNA hingegen ist auch für GIST-Zellen ein wichtiger Proliferationsmarker (Duensing 2003).

Der Vergleich der identifizierten Bindepartner im u-TAP-Assay mit phosphoryliertem und unphosphoryliertem c-Kit Köderprotein ergab, dass neben einigen Stoffwechselenzymen und wenigen anderen Proteinen vorwiegend Signalproteine spezifisch mit phosphoryliertem c-Kit interagierten. Daher liegt es nahe, dass die Tyrosinphosphorylierung von c-Kit essentiell für die Bindung von Signalproteinen ist. Unter den identifizierten Signalproteinen waren sowohl bereits in der Literatur Beschriebene, als auch potentielle Neue. Dabei wurde die katalytische Untereinheit β, sowie die regulatorischen Untereinheiten p85 der PI3-Kinase als Bindepartner von aktiviertem c-Kit identifiziert. In der Literatur ist die Interaktion zwischen der PI3-Kinase

Diskussion

und c-Kit durch die Bindung von p85 an pTyr-721 sowie pTyr-900 von c-Kit beschrieben (Lev 1992, Serve 1994, Lennartsson 2003). Das verwendete c-Kit Köderprotein lag ebenfalls an Tyr-721 phosphoryliert vor, was die Spezifität der Interaktion von c-Kit mit der PI3-Kinase unterstreicht. Der PI3-Kinase Signalweg führt zur Aktivierung von Akt und spielt eine fundamentale Rolle bei dem Überleben von GIST-Zellen (Bauer 2007). Im Weiteren wurde das Adaptermolekül Grb2 als Interaktionspartner von ausschließlich phosphoryliertem c-Kit Identifiziert. Grb2 aktiviert die Ras-MAP-Kinasen Signalwege und interagiert mit pTyr-703 und pTyr-936 von c-Kit (Thömmes 1999). Beide Tyrosinreste lagen im rekombinanten c-Kit Köderprotein phosphoryliert vor, weshalb auch diese Interaktion als für c-Kit spezifisch einzuordnen ist. Zusätzlich konnten die Janus Kinase (JAK) sowie die STATs (1-3) als potentielle Interaktionspartner von phosphoryliertem c-Kit Köderprotein identifiziert werden. Die Interaktion von JAK mit c-Kit ist bereits bekannt, jedoch nicht dessen spezifische Bindungsstelle an c-Kit (Brizzi 1994 und 1999). Darüber hinaus ist sowohl beschrieben, dass JAK konstitutiv an c-Kit bindet, als auch, dass es erst durch Liganden-Stimulation an c-Kit assoziiert (Radosevic 1996, Brizzi 1994). Die Aktivierung der Transkriptionsfaktoren der STAT-Familie kann in Abhängigkeit von JAK oder unabhängig davon, direkt durch c-Kit erfolgen (Bauer 2007). Anhand der durchgeführten Experimente kann keine Aussage darüber getroffen werden, ob die STATs direkt an c-Kit binden oder Interaktionspartner zweiter Ordnung sind und somit an JAK binden. Man kann spekulieren, dass Letzteres wahrscheinlicher ist, weil JAK1 nur einmal im u-TAP-Assay identifiziert werden konnte, wohingegen die STAT-Proteine konsistent identifiziert werden konnten. Noch nicht in der Literatur beschrieben, und damit potentielle neue c-Kit Interaktionspartner waren die Signalproteine PKN2 (PKC-related kinase 2) und SRC8, dem Src Substrat Cortactin. PKN2 ist eine mit PKC verwandte Proteinkinase, über sie ist bislang wenig bekannt; sie scheint aber mit den Rho-GTPasen in Verbindung zu stehen (Schmidt 2007). Die mögliche Interaktion von PKN2 mit aktiviertem c-Kit wurde lediglich ein Mal im u-TAP-Assay beobachtet. Aus diesem Grund, und weil PKN2 relativ wenig beschrieben ist, wurde die Interaktion nicht verifiziert. Es bleibt somit offen, ob es sich hierbei um eine spezifische Interaktion mit c-Kit handelt oder nicht. Das Src-Substrat Cortactin wurde ebenfalls nur einmalig im u-TAP-Assay als potentieller Interaktionspartner von aktiviertem c-Kit identifiziert. Cortactin ist nach Tyrosinphosphorylierung in veränderten Zellen an der Regulation des Zellwachstums und der strukturellen Umgestaltungen beteiligt. Die Interaktion von c-Kit mit Src-Kinasen ist bereits in der Literatur beschrieben (Linnekin 1997, Timokhina 1998). Die Interaktion mit dem Src-Kinase Substrat Cortactin ist nicht beschrieben, wurde aber aufgrund der einmaligen Identifizierung im u-TAP-Assay nicht näher untersucht. Ferner konnten einige Stoffwechselenzyme als Interaktionspartner von ausschließlich phosphoryliertem c-Kit Wildtyp identifiziert werden. Dazu gehörten z.b. die Protein-L-isoaspartate(D-aspartate) O-methyltransferase (PIMT), 3-Oxoacyl-CoA thiolase (ECHA), Protein-disulfid-Isomerase (PDIA1), Glycerinaldehyd-3-phosphat-Dehydrogenase (G3P) und Aldehydehydrogenase (P5CS). Im Weiteren konnte das proliferationsrelevante und mit der Krebsentstehung in Verbindung stehende Peroxiredoxin (PRDX1) als selektiv mit phosphoryliertem c-Kit interagierend gefunden werden. Der Grund, weshalb diese Interaktionspartner phospho-spezifisch mit c-Kit interagierten, konnte anhand von Literaturdaten nicht erklärt werden. Es liegt nahe, dass entweder ein spezifischer Phosphotyrosinrest direkt für die Interaktionen verantwortlich ist, oder dass die Interaktion aufgrund der wahrscheinlich auftretenden strukturellen Veränderungen von c-Kit (Dimerisierung) zu Stande kommt. Im Weiteren bleibt die Möglichkeit offen, dass es sich um Interaktionspartner zweiter oder sogar dritter Ordnung handelt.

Im Rahmen dieser Untersuchungen konnte gezeigt werden, dass der u-TAP-Assay die Identifizierung von bereits bekannten und unbekannten, potentiellen c-Kit Interaktionspartnern ermöglicht. Darüber hinaus war eine vergleichbare Interaktionsanalyse von aktiviertem und nicht-aktiviertem c-Kit durch den Einsatz der jeweiligen Köderproteine möglich. Dabei konnten bereits beschriebene Signalproteine aus den drei wichtigsten Signalkaskaden von c-Kit, spezifisch für dessen phosphorylierte Form, als Bindepartner identifiziert werden. Dies umfasst den Signalweg der MAP-Kinasen, den PI3-Kinase Signalweg und den JAK-STAT Signalweg. Lediglich der PLCγ-Signalweg wurde nicht im Rahmen dieser Untersuchungen mit c-Kit in Verbindung gebracht, dieser wurde bislang vorwiegend im Maus-Modell gesehen (Gommermann 2000). Diese vergleichenden u-TAP-Untersuchungen stellen damit ein gutes Modell für den intrinsisch vorkommenden Liganden-stimulierten und damit *trans*-autophosphorylierten Zustand von c-Kit dar, sowie für den nicht-stimulierten und damit unphosphorylierten Zustand.

4.2.2 Der Einfluss von Imatinib und 17AAG auf das Protein-Interaktionsnetzwerk von c-Kit Wildtyp

Imatinib gilt als das Medikament erster Wahl zur Behandlung progredienter GIST. Der Hsp90 Inhibitor 17AAG befindet sich derzeit noch in der klinischen Testphase, ist jedoch speziell für die Behandlung von Imatinib-resistenten und Imatinib-intoleranten GIST ein potentielles Medikament. Bei der Krebsbehandlung werden an Inhibitoren die Anforderungen gestellt, möglichst spezifisch für Krebszellen bzw. für die onkogenen Zielmolekülen zu sein und die gesunden Zellen nahezu nicht zu beeinflussen. Der Einfluss der Inhibitoren Imatinib und 17AAG auf das Protein-Interaktionsnetzwerk von c-Kit Wildtyp sollte deshalb im u-TAP-Assay untersucht werden. Dabei wurde *in vitro* phosphoryliertes c-Kit Wildtyp Köderprotein als Modell für den gesunden Zellzustand verwendet (vgl. Abschnitt 4.1.4). Vergleichbare Untersuchungen in An- und Abwesenheit des jeweiligen Inhibitors wurden durch den Einsatz von äquivalenten Mengen an Köderprotein sowie äquivalenten Mengen des zu untersuchenden HeLa-Zelllysates im u-TAP-Assay ermöglicht. Imatinib hatte im Rahmen dieser Untersuchungen nahezu keinen Einfluss auf das Protein-Interaktionsnetzwerk von phosphoryliertem c-Kit (3.3.3). Unter Anwesenheit von Imatinib konnte lediglich die Glucosidase II β (GLU2B) als zusätzliches Protein identifiziert werden. GLU2B ist ein saures Phosphoprotein und als Substrat der Protein-Kinase C (PKC) bekannt. In der Literatur konnten keine Hinweise auf eine Interaktion mit c-Kit oder einen Zusammenhang mit Imatinib gefunden werden, weshalb dieser Befund nicht interpretiert werden kann. Imatinib zeigte folglich nahezu keinen Einfluss auf das Interaktionsnetzwerk von c-Kit. Dies entsprach den Erwartungen, da das verwendete c-Kit Köderprotein in phosphoryliertem Zustand vorlag und wahrscheinlich auch eine aktive Konformation eingenommen hatte. In dieser aktiven Konformation kann Imatinib nicht an c-Kit binden (Mol 2004). Es ist somit davon auszugehen, dass Imatinib auch in diesem Versuchsansatz nicht an das aktivierte c-Kit gebunden hatte, was wiederum das nahezu identische c-Kit Interaktionsnetzwerk erklärt. Wie bereits erwähnt, konnte die inhibitorische Wirkung von Imatinib selektiv auf das nicht-aktivierte, rekombinante c-Kit Protein durch Substratphosphorylierung im Rahmen des Kinase-Assays gezeigt werden (3.1.6). Aufgrund der hohen Qualität des u-TAP-Assays kann also davon ausgegangen werden, dass Imatinib keinen oder nur einen sehr geringen Einfluss auf das Protein-Interaktionsnetzwerk von c-Kit hat.

Welchen Einfluss der Hsp90 Inhibitor 17AAG auf das Protein-Interaktionsnetzwerk von phosphoryliertem c-Kit hat, war aufgrund kontroverser Literaturangaben zuvor nicht abschätzbar. Ein wichtiger Aspekt dabei scheint die Aktivität der Kinase zu sein. So wurde in einer c-Kit Wildtyp exprimierenden Zelllinie nach Behandlung mit 17AAG und SCF-Stimulation, ein inhibitorischen Effekt auf aktiviertes c-Kit beobachtet. Da sich derselbe Effekt auch bei der SCF-Stimulation alleine einstellte, wurde dieser als Ursache der Degradierung vermutet (Fumo 2003, Bauer 2006). Es blieb jedoch die Frage offen, ob 17AAG eine Wirkung auf aktiviertes, phosphoryliertes c-Kit Wildtyp hat und darüber hinaus ob der Inhibitor Einfluss auf das Protein-Interaktionsnetzwerk hat. Die diesbezüglichen Untersuchungen im Rahmen der Interaktionsstudien mit Hsp90 und Cdc37 erfolgten mit unphosphoryliertem c-Kit (Abschnitt 3.5). Dort bewirkte 17AAG eine minimale Degradierung von c-Kit, das Interaktionsnetzwerk wurde jedoch nicht untersucht (vgl. Abschnitt 4.3.3). Bei der Untersuchung der 17AAG-Wirkung auf das Protein-Interaktionsnetzwerk von aktiviertem c-Kit im u-TAP-Assay zeigten sich geringe Effekte. Dabei konnten vier differentielle Bindepartner identifiziert werden (Abschnitt 3.3.3, Tabelle 12). Das CD55-Antigen aus dem Komplementsytstem (DAF), sowie die Acyl-CoA-Dehydrogenase (ACADV) konnten als zusätzliche Bindepartner in Anwesenheit von 17AAG identifiziert werden. Der Rezeptor für Hyaluronsäure (CD44_Human) sowie die Aldehyd-Dehydrogenase (P5CS_Human) konnten hingegen nur in Abwesenheit von 17AAG identifiziert werden. Alle vier genannten Proteine wurden massenspektrometrisch eindeutig identifiziert. Anhand der Literatur konnte keines dieser Proteine mit Hsp90, c-Kit oder 17AAG in Verbindung gebracht werden, was eine Interpretation der Daten erschwert. Auch wenn die u-TAP-Experimente parallel und nahezu identisch durchgeführt wurden und sich nur durch die Anwesenheit des Inhibitors unterschieden, kann ein experimentell bedingter Unterschied nicht ausgeschlossen werden. So könnten z.B. unterschiedliche Proteinmengen auf das SDS-Gel aufgetragen worden sein, oder differentielle Verluste beim Aufarbeiten der Gele für die massenspektrometrische Analyse aufgetreten sein. Anzumerken ist auch, dass 17AAG keinen Einfluss auf die mit c-Kit interagierenden Signalproteine hatte, diese

Diskussion

hätten wahrscheinlich einen sehr starken Einfluss auf das zelluläre Geschehen gehabt. Abschließend kann man sagen, dass 17AAG im Rahmen dieser Untersuchungen keinen oder einen eher geringen Einfluss auf die Protein-Interaktionen von aktiviertem c-Kit Wildtyp hat. Dies kann man bezüglich des klinischen Einsatzes als positiv bewerten, da es gilt, gesunde Zellen, bzw. Wildtyp-Proteine möglichst nicht zu beeinflussen.

4.3 Interaktionspartner Analyse von c-Kit Mutanten

Bei über 80 % der Fälle gilt eine Mutation in c-Kit ursächlich für die Entstehung von GIST. Die Mutation bewirkt eine Liganden-unabhängige c-Kit Aktivierung und führt zu einer Veränderung des gesamten Signalnetzwerkes. In diesem Zusammenhang war es von großem Interesse, die Interaktionspartner der verschiedenen c-Kit Mutanten zu analysieren.

4.3.1 Cochaperon Cdc37, ein neuer Interaktionspartner von c-Kit Mutanten

Durch Aufreinigung der c-Kit Mutanten und des c-Kit Wildtyps mit verkürzter Tandem-Affinitätsreinigung konnten Hsp90 auch Cdc37 als Interaktionspartner ausschließlich von mutierten c-Kit Proteinen identifiziert werden (3.4.1 und 3.4.2). Zusätzlich wurden Proteine der Hsp70 Familie und der *eucaryotic translation and elongation factor 2* (EF2) identifiziert. Da diese Proteine jedoch bei allen untersuchten c-Kit Mutanten und dem Wildtyp auftraten und als ziemlich abundant gelten wurden sie nicht näher untersucht. Hsp90 ist ebenfalls ein abundantes Protein, erschien aber aufgrund der gesehenen Spezifität für mutierte c-Kit Proteine und den nachfolgend genannten Literaturhinweisen zusammen mit Cdc37 als interessante, näher zu charakterisierende Bindepartner.

Im Allgemeinen sind onkogene Proteine instabiler als ihr Wildtyp-Protein, weshalb sie häufig eine dauerhafte Stabilisierung durch Hsp90 – und dies oftmals auch in Beteiligung von dessen Cochaperonen - benötigen (Kamal 2004, Pearl 2005, Calderwood 2006). Des Weiteren war bekannt, dass die Chaperonfunktion von Hsp90 auch für die Expression und Aktivität von c-Kit Onkoproteinen entscheidend ist, und zwar hauptsächlich durch Verhinderung der proteasomal-vermittelten Degradierung (Bauer 2006). Cdc37 ist ein Kinase-spezifisches Cochaperon von Hsp90; c-Kit galt bislang noch nicht als

Klientenprotein (Reed 1980, Pearl 2005). Die Interaktion der Klientenproteine von Cdc37, ist über das Erkennungsmotiv GXFG im *glycine loop* der Kinase reguliert (Terasawa 2006). Dieses Motif ist ebenfalls im *glycine loop* von c-Kit zu finden. Cdc37 gilt wie auch Hsp90 als Medikamenten-Zielmolekül zur Behandlung von Krebs. Aus diesen Gründen erschien die genauere Untersuchung der Interaktion von Cdc37 mit den c-Kit Onkoproteinen als durchaus sinnvoll.

Deshalb wurden, zusätzlich zur bereits erwähnten MS-Analyse, die Eluate aus dem verkürzten TAP-Assay immunologisch im Western Blot mit einem anti-Cdc37 Antikörper untersucht (3.4.2). Dabei bestätigte sich der Befund, dass ausschließlich die c-Kit Mutanten mit Cdc37 interagieren, jedoch nicht c-Kit Wildtyp. Zur Verifizierung der Interaktion wurde ein reverser Ansatz gewählt. Im GST Pull-down-Assay unter Einsatz des GST-Cdc37 Fusionsproteins sollte die Spezifität der Interaktion durch Bindung an die c-Kit Mutanten und/oder den c-Kit Wildtyp nachgewiesen werden (3.4.5). Dabei ergab sich, dass GST-Cdc37 erwartungsgemäß eine Interaktion mit allen untersuchten c-Kit Mutanten aufwies. Im Weiteren zeigte auch c-Kit Wildtyp eine, wenn auch deutlich geringere, Interaktion mit Cdc37. Diese ist zum einen mit der stärkeren Expression von c-Kit Wildtyp und der damit verbundenen höheren Proteinkonzentration, verglichen mit denen der c-Kit Mutanten, zu erklären. Zum anderen ist davon auszugehen, dass Cdc37 auch an c-Kit Wildtyp bindet, vorwiegend jedoch im Chaperonzyklus bei der Klientenbeladung zu Hsp90. Nicht aber um die Kinase dauerhaft zu stabilisieren, wie dies vermutlich bei den mutierten c-Kit Proteinen der Fall ist. In einem weiteren Versuchsansatz erwies sich die Interaktion zwischen Cdc37 und den rekombinanten c-Kit Mutanten als Genotyp-spezifisch. Dies wird im nachfolgenden Abschnitt diskutiert (4.3.2).

Als ein weiteres Modell zur Untersuchung der Interaktion von Cdc37 mit c-Kit, wurden die GIST-Zelllinien GIST882 (c-Kit Mutation: K642E) und GIST48 (c-Kit Mutation: V560D_D820A) eingesetzt (3.4.3). Durch Immunpräzipitation wurden die c-Kit Rezeptoren aus dem Zelllysat isoliert und im Western Blot auf deren Interaktion mit Cdc37 untersucht. Die c-Kit Rezeptoren zeigten ebenfalls eine Interaktion mit Cdc37, die analog zu den rekombinanten c-Kit Proteinen mutationsspezifisch war (vgl. 4.3.2).

Zusammenfassend ist anzumerken, dass sowohl die rekombinanten c-Kit Mutanten als auch die mutierten c-Kit Rezeptoren aus den GIST-Zellen mit Cdc37 interagierten. Im Falle der rekombinanten c-Kit Onkoproteine wurde die Interaktion durch einen reversen Ansatz verifiziert. Daher ist davon auszugehen, dass c-Kit ein neu identifiziertes Klientenprotein von Cdc37 ist. Cdc37 kann aufgrund seiner stabilisierenden Wirkung für onkogene Proteine als ein potentiell neuer molekularer Angriffspunkt für die GIST-Therapie gesehen werden. Die gesehene Spezifität für mutierte c-Kit Proteine unterstreicht die Eignung von Cdc37 als Medikamenten-Zielmolekül. Für andere onkogene Cdc37-Klientenproteine konnte die proteasomal-vermittelte Degradierung bei Inhibierung von Cdc37 bereits nachgewiesen werden (Zhang 2008, Smith 2009)

4.3.2 c-Kit mutationsspezifische Interaktionsanalysen von Hsp90 und Cdc37

Die Protein-Interaktionsanalysen der klinisch relevantesten GIST-assoziierten c-Kit Mutanten und dem c-Kit Wildtyp erfolgten zunächst mittels verkürzten TAP-Assay (3.4.1). Neben dem bereits im oberen Abschnitt diskutierten und neu identifizierten Cochaperon Cdc37 wurde auch Hsp90 als Interaktionspartner von ausschließlich mutierten c-Kit Proteinen massenspektrometrisch identifiziert. Hsp90 hat eine stabilisierende und vor proteasomaler Degradierung schützende Funktion für viele Onkoproteine, so auch für onkogene c-Kit Proteine (Bauer 2006). Da mutierte Proteine auf die Chaperonfunktion von Hsp90 angewiesen sind, der Wildtyp hingegen nicht, war die im verkürzten TAP-Assay spezifisch für c-Kit Mutanten identifizierte Interaktion mit Hsp90 - sowie deren Abwesenheit für c-Kit Wildtyp - in die Literatur einzuordnen. Cdc37 ist ein Cochaperon von Hsp90 und ebenfalls an der Stabilisierung von Onkoproteinen beteiligt (Pearl 2005, Caplan 2007). Dies begründet die in den Untersuchungen gesehene Mutanten-spezifische Interaktion von Cdc37. Die Western Blot Analysen der Eluate aus dem verkürzten TAP-Assay bestätigten die selektive Interaktion von Hsp90 und Cdc37 mit den c-Kit Mutanten (3.4.2).

Zusätzlich zeigte die relative Quantifizierung der Signalintensitäten von Hsp90 bzw. Cdc37 zu den c-Kit Proteinen eine, vom c-Kit Genotyp abhängige, differentielle Interaktion. Dabei verhielten sich die Interaktionen zwischen den c-Kit Mutanten und

Hsp90 analog zu denen mit Cdc37, was vermutlich durch die Chaperon-und Cochaperonfunktion zu erklären ist. Die Western Blot Analyse wurde mit je einer prominenten c-Kit Mutante aus der Juxtamembran-Region (V560D), der Kinase-Domäne I (K642E), dem *activation loop* (D820A) sowie einer Imatinib-Resistenz-Mutation (V560D_D820A) und dem c-Kit Wildtyp-Protein durchgeführt. Die Mutante D820A zeigte eine signifikant geringere Affinität zu Hsp90 und Cdc37 als die übrigen untersuchten Mutanten. Die Imatinib-resistente c-Kit Mutante wies die signifikant stärkste Affinität zu Hsp90 und Cdc37 auf (Abschnitt 3.4.2, Abbildung 19).

Wie bereits erwähnt sind onkogene Proteine instabiler und oftmals auf eine dauerhafte Stabilisierung durch Hsp90 und ggf. dessen Cochaperone angewiesen (Da Roche Dias 2005, Caplan 2007). Es liegt nahe, dass die unterschiedlichen Bindungsaffinitäten von Hsp90 und Cdc37 an die c-Kit Mutanten die Stabilität der Kinase wiederspiegeln. Deshalb war zu vermuten, dass die Mutanten mit hoher Affinität zu Hsp90 und Cdc37 instabiler sind und möglicherweise eine höhere Sensitivität gegenüber Hsp90 oder Cdc37 Inhibitoren aufweisen. Bekannt war ebenfalls, dass Hsp90 Inhibitoren mutationsspezifische Sensitivitäten aufzeigen (Da Rocha Dias 2005, Caplan 2006, Sawai 2008).

Aufgrund der hohen klinischen Relevanz im Hinblick auf eine mögliche individuelle und mutationsspezifische Behandlung mit Hsp90 oder Cdc37 Inhibitoren wurden weitere Untersuchungen gemacht. Dazu wurden zusätzlich die c-Kit Mutanten del557,558; V559D; L576P und del557,558_Y823D sowie die mutierten c-Kit Rezeptoren (K642E und V560D_D820A) aus zwei GIST-Zelllinien (GIST882; GIST48) mittels Co-Immunopräzipitation untersucht. Die mutierten c-Kit Proteine wurden dazu mit einem anti-c-Kit Antikörper isoliert und auf deren Interaktionen mit Hsp90/Cdc37 im Western Blot untersucht (3.4.3 und 3.4.4). Anzumerken ist, dass die eingesetzten rekombinanten c-Kit Mutanten mit dem TAP-tag fusioniert waren. Dieser TAP-tag bindet aufgrund seiner IgG-Bindedomänen jeden beliebigen Antikörper, weshalb keine Epitop-spezifische Immunopräzipitation durchführbar war. Für die relative Quantifizierung der TAP-c-Kit Proteine mit einem weiteren Protein, erwies sich dieser TAP-tag jedoch als äußerst positiv. Es konnte durch Verwendung von nur einem Antikörper im Western Blot das Epitop-spezifische Protein und darüber hinaus TAP-c-Kit, aufgrund der

Diskussion

IgG-Bindedomänen, angefärbt werden (2.4.12). Im konkreten Fall ermöglichte dies die gleichzeitige Visualisierung von Hsp90 bzw. Cdc37 und den TAP-c-Kit Proteinen und damit die parallele relative Quantifizierung. Dadurch konnten unspezifische Proteinverluste durch das sog. *stripping* umgangen werden. Die Interaktionsstudien wurden mindestens vier Mal reproduzierbar durchgeführt, sodass durch statistische Auswertung (t-Test) signifikante Unterschiede zwischen den c-Kit Mutanten bezüglich ihrer Interaktionen mit Hsp90 und Cdc37 ermittelt werden konnten. Der verwendete c-Kit Antikörper für die Immunpräzipitation war gegen das C-terminale Ende von c-Kit gerichtet und interferierte folglich nicht mit der jeweiligen Mutation in c-Kit. Da alle rekombinanten c-Kit Proteine mit dem TAP-tag fusioniert waren, war davon auszugehen, dass die Untersuchungen innerhalb der c-Kit Mutanten vergleichbar sind. Für die rekombinanten c-Kit Proteine wurden weitgehend nur die Interaktionen mit Hsp90 gemessen. Die Interaktionen mit Cdc37 verhielten sich analog zu denen von Hsp90, wurden aber aufgrund der geringen Signalintensitäten nur im Falle weniger c-Kit Mutanten quantifiziert (3.5.4).

Die Untersuchungen der GIST-Zelllinien zeigten, dass die Imatinib-resistente Zelllinie GIST48 mit der c-Kit Mutation V560D_D820A eine signifikant geringere Affinität zu Hsp90 und Cdc37 aufwies, als die Imatinib-sensitive Zelllinie, GIST882 mit c-Kit Mutation K642E (3.4.3). Die Aufreinigung der rekombinanten c-Kit Proteine V560D_D820A und K642E im verkürzten TAP-Assay zeigten ein gegensätzlicher Effekt. Dort wies die c-Kit Mutante V560D_D820A eine stärke Affinität zu Hsp90 und Cdc37 auf. Bei den Co-Immunpräzipitationsstudien hingegen zeigten die rekombinanten c-Kit Mutanten V560D_D820A und K642E dieselben Affinitäten zu Hsp90 wie die mutierten c-Kit Rezeptoren der GIST-Zelllinien (3.4.4). Da bei dieser Versuchsreihe mehr Replikate eingesetzt wurden ist davon auszugehen, dass die Ergebnisse der Co-Immunpräzipitationsstudien eher den tatsächlichen Hsp90 Affinitäten entsprechen. Für alle weiteren untersuchten c-Kit Mutanten konnten mit beiden Methoden dieselben Ergebnisse erzielt werden. Wie zu erwarten war zeigte c-Kit Wildtyp auch bei der Immunpräzipitation nahezu keine Interaktion mit Cdc37 oder Hsp90. Dieses Resultat entspricht den oben beschriebenen Literaturangaben und diente darüber hinaus als eine Art interner Kontrolle für die Spezifität der vorhandenen Interaktionen zwischen den c-Kit Mutanten und Hsp90 oder Cdc37. Die untersuchten c-Kit Mutanten zeigten, weitgehend signifikant, unterschiedliche Bindungsaffinitäten zu Hsp90 (3.4.4, Abbildung 21). Es zeichneten sich keine unterschiedlichen Tendenzen zwischen den c-Kit Mutanten aus verschiedenen c-Kit Domänen ab. So zeigten die vier untersuchten c-Kit Proteine mit einer Mutation in der Juxtamembran-Region differentielle Hsp90 Bindungsaffinitäten. Auffällig war, dass die Hsp90 Affinitäten der Mutanten aus der Juxtamembran-Region in Richtung C-Terminus, also von del557,558 bis L576P, zunahmen. Es gibt allerdings bislang keine Literaturhinweise dazu. Die Mutation in der Kinase-Domäne K642E wies ebenfalls eine starke Affinität zu Hsp90 auf. Die beiden untersuchten Imatinib-resistenten c-Kit Mutanten (V560D_D820A und del557,558_Y823D) unterschieden sich nicht signifikant voneinander in ihrer Bindung zu Hsp90, weshalb diese charakteristisch für eine Imatinib-Resistenz-Mutation sein könnte. Die Stärke der Interaktion mit Hsp90 und damit vermutlich auch die Stabilität dieser Mutanten lagen, verglichen mit den anderen untersuchten Mutanten, eher im mittleren Bereich. Am auffälligsten in dieser Studie war die im *activation loop* liegende c-Kit Mutante D820A. Sie zeigte nur eine sehr geringe Bindungsaffinität zu Hsp90, nahe der des Wildtyp-Proteins. Wie bereits oben beschrieben erlauben die Bindungsaffinitäten von Hsp90 an die onkogenen c-Kit Proteine Rückschlüsse auf deren Stabilität sowie Sensitivität gegenüber Hsp90 Inhibitoren. Demgemäß würde eine hohe Affinität zu Hsp90 mit einer ebenfalls hohen Sensitivität für Hsp90 Inhibitoren einhergehen und umgekehrt. Aus diesem Grund wurden die c-Kit Mutanten auf deren Sensitivität gegenüber 17AAG untersucht. Dies wird im nachfolgenden Abschnitt diskutiert.

4.3.3 Wirkung von 17AAG auf die Interaktion von c-Kit Mutanten und dem c-Kit Wildtyp

Nachdem die Untersuchungen ergaben, dass die c-Kit Mutanten differentiell mit Hsp90 und Cdc37 interagierten (3.4.3 und 3.4.4) und diese Interaktionen vermutlich mit den Kinase Stabilitäten korrelierten, sollte nun die Wirkung des Hsp90 Inhibitors 17AAG untersucht werden (Abschnitt 3.5.1 – 3.5.3). Im ersten Versuchsansatz wurden die c-Kit Mutanten /Wildtyp exprimierenden Zellen mit unterschiedlichen 17AAG-Konzentrationen (1,5-9 µM) behandelt (3.5.1). Im weiteren Versuchsansatz wurden die Zellen über unterschiedliche Zeiträume mit 17AAG behandelt (1-24 h)(3.5.2). Diese

Untersuchungen sollten Aufschlüsse über die differentiellen Sensitivitäten der c-Kit Mutanten und des c-Kit Wildtyp bezüglich der Inhibitor-Konzentrationen und der Inkubationsdauer geben. Bereits bei der niedrigsten Inhibitor-Konzentration (1,5 µM) verringerte sich die Proteinmenge der c-Kit Mutanten (V560D und D820A). Dabei degradierte c-Kit D820A geringer als V560D. Zunehmende 17AAG-Konzentrationen bewirkten eine weitere, geringfügigere Degradierung der beiden Mutanten. c-Kit Wildtyp zeigte erwartungsgemäß eine sehr geringe 17AAG-Wirkung, die sich mit zunehmender Konzentration tendenziell leicht verstärkte. Untersuchungen bezüglich des Inkubationszeitraums von 17AAG ergaben, dass die c-Kit Mutanten (V560D, K642E und V560D_D820A) bereits nach einer einstündigen 17AAG-Exposition (1,5 µM) zu ca. 18-23 % degradierten. Die c-Kit D820A Mutante und der c-Kit Wildtyp hingegen zeigten keine, bzw. eine geringe Degradierung (ca. 0-5 %). Längere Expositionszeiträume (2-24 h) führten zur weiteren geringfügigen Degradierung von der c-Kit Mutanten (V560D, K642E und V560D_D820A). Die Wirkung von 17AAG auf c-Kit D820A blieb über den gesamten Expositionszeitraum (2-24 h) gering und war nur bei c-Kit Wildtyp noch geringer. Folglich genügte eine geringe 17AAG-Konzentration (1,5 µM) und eine kurze Expositionsdauer (1 h) um die degradierende Wirkung der c-Kit Mutanten (V560D, K642E, V560D_D820A) zu sehen. Wohingegen die c-Kit Mutante D820A und dem c-Kit Wildtyp nur minimal degradierten und demnach deutlich weniger 17AAG sensitiv waren.

Zur genaueren Bestimmung der durch 17AAG-bedingten Degradierung wurden reproduzierbare Experimente durchgeführt und die Unterschiede statistisch ermittelt (3.5.3). Die Mutanten aus jeweils unterschiedlichen c-Kit Domänen (V560D, K642E, D820A) und eine Imatinib-resistente Mutante (V560D_D820A) sowie c-Kit Wildtyp wurden für diese Experimente ausgewählt. Gemäß den oben beschriebenen Tendenzen, konnte bei c-Kit Wildtyp eine sehr geringe Degradierung (1,2 %) ermittelt werden. Ebenfalls in Übereinstimmung mit den oben beschriebenen Resultaten degradierte die c-Kit Mutante D820A (20,9 %) signifikant geringer als c-Kit Mutanten V560D, K642E und V560D_D820A. Mutationsspezifische Unterschiede zwischen den c-Kit Mutanten V560D, K642E und V560D_D820A konnten tendenziell gesehen werden. Dabei war die 17AAG-bedingte Degradierung von V560D im Durchschnitt 3,6 % stärker als die von K642E. Die Imatinib-resistente V560D_D820A c-Kit Mutante zeigte die stärkste Degradierung.

Diskussion

Die erhöhte 17AAG-Sensitivität bei mutierten Proteinen und die deutlich geringere Sensitivität für Wildtyp-Proteine ist bereits für einige Hsp90 Klienten wie EGFR, B-Raf und Bcr-Abl und c-Kit bekannt (Bauer 2006, da Rocha Dias, 2005, Grobvic 2006, Sawai 2008, Gorre 2002). Demzufolge ist die geringe Inhibitor-Sensitivität für c-Kit Wildtyp mit Ergebnissen aus der Literatur konform. Mutationsspezifische Sensitivitäten von Hsp90 Inhibitoren sind zwar deutlich weniger beschrieben, jedoch bei Mutanten der Kinase B-Raf gut untersucht. Als Ursache für die mutationsspezifischen Sensitivitäten gilt die strukturelle Stabilität der katalytischen Domäne der Kinase und nicht die konstitutive Aktivität, sowie differentielle Kinaseaktivitäten (da Rocha Dias 2005, Caplan 2006). Die katalytische Domäne wiederum ist die Bindestelle von Hsp90 und Cdc37 (Prince 2004 und 2005). Folglich sind, wie bereits in Abschnitt 4.3.2 beschrieben, die Affinitäten von Hsp90 und Cdc37 ein Maß für die Stabilität der jeweiligen c-Kit Mutante. Der Theorie zur Folge würden c-Kit Mutanten einer geringen Hsp90/Cdc37-Affinität ebenfalls eine geringe 17AAG-Sensitivität zeigen und umgekehrt. Dies bestätigte sich für c-Kit Wildtyp, sowie für die D820A Mutante. Beide zeigten nahezu keine oder nur eine sehr geringe Affinität zu Hsp90 und gingen mit einer signifikant geringeren 17AAG-Sensitivität einher als die übrigen untersuchten Mutanten. Die beobachteten höheren Inhibitor-Sensitivitäten der c-Kit Mutanten V560D, K642E und V560D_D820A entsprachen auch der Hypothese, da diese ebenfalls eine stärkere Affinität zu Hsp90 (und Cdc37) aufzeigten. Die übrigen drei Mutanten wiesen keine signifikant differentiellen 17AAG-Sensitivitäten auf, obwohl deren Bindungsaffinitäten zu Hsp90 durchaus verschieden waren. Zur Messung von mutationsspezifischen Unterschieden hätten eventuell niedrigere 17AAG-Konzentrationen eingesetzt oder eine kürzere Expositionsdauer gewählt werden müssen.

Des Weiteren wurde der Einfluss von 17AAG auf die Bindungsaffinitäten von Hsp90 bzw. Cdc37 und c-Kit durch vergleichende Co-Immunopräzipitationsstudien mit 17AAG-behandelten und unbehandelten Zellen untersucht (3.5.4). 17AAG bindet kompetitiv zu ATP an die ATP-Bindestelle von Hsp90. Dadurch kann es c-Kit nicht mehr stabilisieren, was eine proteasomale Degradierung zur Folge hat. Es war zu vermuten, dass 17AAG die Bindung von Hsp90 und ggf. von Cdc37 an c-Kit zerstört und c-Kit somit degradiert. Erwartungsgemäß verringerte die Anwesenheit von 17AAG die Bindung von c-Kit V560D

Diskussion

und K642E an Hsp90 und parallel dazu auch an Cdc37. Gemäß der Hypothese war dies bei c-Kit Wildtyp und dem onkogenen D820A Protein nicht der Fall. c-Kit Wildtyp interagierte auch ohne Inhibitor nahezu nicht mit Hsp90 oder Cdc37, weshalb nahe lag, dass der Inhibitor keinen Effekt zeigte. Bei der Mutante c-Kit D820A bewirkte 17AAG überaschenderweise eine tendenziell höhere Affinität zu Hsp90 und Cdc37. Da die Unterschiede nicht signifikant waren und die oben beschrieben Untersuchungen des Zelllysats eine erwartungsgemäße Degradierung aufzeigten, wurde dieser Befund nicht weiter verfolgt.

Zusammenfassend ist festzuhalten, dass Hsp90 jeweils eine analoge Affinität sowie einen analogen Inhibitor-Effekt auf die jeweiligen c-Kit Mutanten zeigte, wie Cdc37. Diese Tatsache bestätigt das bereits vermutete Zusammenspiel von Hsp90 und Cdc37 bei der Stabilisierung der onkogenen c-Kit Mutanten. Ferner konnte eine c-Kit Genotyp-spezifische 17AAG-Wirkung nachgewiesen werden, wie dies bereits für B-Raf Mutanten in der Literatur beschreiben wurde (Da Rocha Dias 2005). Zudem zeigte auch die schwer zu therapierende Imatinib-Resistenz-Mutation eine 17AAG-Sensitivität, was mit den *in vitro* Befunden von Bauer et al übereinstimmt (Bauer 2006). Deshalb könnte 17AAG insbesondere für Imatinib-resistente GIST-Patienten eine aussichtsvolle neue Therapiestrategie sein. Da zusätzlich gezeigt werden konnte, dass c-Kit Wildtyp deutlich weniger 17AAG-sensitiv war, scheint mit dem Hsp90 Inhibitor eine selektive Behandlung von onkogenen c-Kit Proteinen möglich zu sein. Die mutationsspezifische Hsp90 Inhibitor Sensitivität von c-Kit könnte daher eine Grundlage für eine individuelle therapeutische Behandlung der GIST-Patienten darstellen. Zusätzlich kann Cdc37 als potentieller neuer Angriffspunkt zur Behandlung von GIST betrachtet werden. In weiteren Versuchen könnte man die Wirkung des Cdc37 Inhibitors Celastrol auf die mutierten c-Kit Proteine sowie auf c-Kit Wildtyp untersuchen.

In einem weiteren Versuchsansatz könnte der im Rahmen dieser Arbeit für c-Kit etablierte u-TAP-Assay auch unter Einsatz von humanen GIS-Tumoren angewandt werden. Dabei könnten die bereits identifizierten Interaktionspartner Hsp90 und Cdc37 näher untersucht werden und/oder weitere molekulare Zielmoleküle zur Behandlung von GIST identifiziert werden.

5 Zusammenfassung

Gastrointestinale Stromatumore (GIST) sind typischerweise auf eine aktivierende Mutation in der Rezeptortyrosinkinase c-Kit zurückzuführen. Eine Behandlung mit dem Tyrosinkinase-Inhibitor Imatinib führt bei der großen Mehrheit der Patienten zunächst zu einer Tumorregression. Nach durchschnittlich zwei Jahren entwickeln viele Patienten eine Resistenz gegen Imatinib, die sehr häufig mit einer sekundären Mutation in c-Kit einhergeht. Als Zweitlinientherapie stehen weitere Tyrosinkinase-Inhibitoren zur Verfügung, die jedoch bislang nur mäßige Wirkung zeigen. Erschwerend kommt hinzu, dass die Wirksamkeit der Inhibitoren stark vom c-Kit Genotyp abhängt. Das Verständnis der Protein-Interaktionsnetzwerke der c-Kit Mutanten und des c-Kit Wildtyps ist in diesem Zusammenhang essentiell.

Zielsetzung dieser Arbeit war es, das Protein-Interaktionsnetzwerk von c-Kit Wildtyp und ausgewählten GIST-assoziierten c-Kit Mutanten genauer zu untersuchen. Dabei sollten bekannte Medikamenten-Zielmoleküle, wie z.B. Hsp90, genauer charakterisiert und neue potentielle Zielmoleküle gefunden werden. Die Identifizierung der Interaktionspartner erfolgte mit einer im Rahmen dieser Arbeit für c-Kit Wildtyp etablierten expressions-entkoppelten Tandem-Affinitätsreinigung (u-TAP). Als Modell für den stimulierten Zustand der Rezeptortyrosinkinase wurde *in vitro* phosphoryliertes c-Kit Wildtyp Köderprotein im u-TAP Assay eingesetzt. Das Interaktionsnetzwerk von c-Kit Wildtyp wurde in An- und Abwesenheit von Imatinib und des Hsp90 Inhibitors 17AAG untersucht. Beide Wirkstoffe hatten nahezu keinen Einfluss auf das Protein-Interaktionsnetzwerk von c-Kit Wildtyp. Interaktionsanalysen der GIST-assoziierten c-Kit Mutanten wiesen eine Bindung von Hsp90 und dessen Cochaperon Cdc37 nach, die beim Wildtyp nicht auftrat. Cdc37 gilt bereits als potentielles Medikamenten-Zielmolekül für verschiedene onkogene Proteine. Die Interaktion von Cdc37 mit c-Kit Mutanten wurde im Rahmen dieser Arbeit erstmals identifiziert und verifiziert. Darüber hinaus konnte eine vom Genotyp abhängige Affinität von c-Kit zu Hsp90 und Cdc37 gemessen werden. Aufgrund der bekannten stabilisierenden Funktion von Hsp90 und Cdc37 erlaubt die Affinität Rückschlüsse auf die Stabilität einer Mutante und deren Sensitivität gegenüber Hsp90 Inhibitoren. c-Kit Wildtyp degradierte in Anwesenheit von 17AAG deutlich weniger als die mit Hsp90 und Cdc37 interagierenden c-Kit Mutanten. Die 17AAG-Sensitivität korrelierte für die meisten c-Kit Mutanten mit der Affinität zu Hsp90 und Cdc37. Diese Genotyp-spezifische Sensitivität von c-Kit gegenüber 17AAG könnte als Grundlage für eine individuelle GIST-Therapie dienen. Zusätzlich kann Cdc37 als potentieller neuer Angriffspunkt zur Behandlung von GIST betrachtet werden.

6 Literaturverzeichnis

Agaram NP, Wong GC, Guo T, Maki RG, Singer S, Dematteo RP, Besmer P, Antonescu CR. Novel V600E BRAF mutations in imatinib-naive and imatinib-resistant gastrointestinal stromal tumors. Genes Chromosomes Cancer. 2008 Oct;47(10):853-9.

Angrand PO, Segura I, Völkel P, Ghidelli S, Terry R, Brajenovic M, Vintersten K, Klein R, Superti-Furga G, Drewes G, Kuster B, Bouwmeester T, Acker-Palmer A. Transgenic mouse proteomics identifies new 14-3-3-associated proteins involved in cytoskeletal rearrangements and cell signaling. Mol Cell Proteomics. 2006 Dec;5(12):2211-27.

Antonescu CR, Besmer P, Guo T, Arkun K, Hom G, Koryotowski B, Leversha MA, Jeffrey PD, Desantis D, Singer S, Brennan MF, Maki RG, DeMatteo RP. Acquired resistance to imatinib in gastrointestinal stromal tumor occurs through secondary gene mutation. Clin Cancer Res. 2005 Jun 1;11(11):4182-90

Arlander S.J. Chaperoning checkpoint kinase1 (Chk1) an Hsp90 client, with purified chaperones 2005

Arteaga CL, Sellers W, Rosen N, Solit DB. Inhibition of Hsp90 down-regulates mutant epidermal growth factor receptor (EGFR) expression and sensitizes EGFR mutant tumors to paclitaxel. Cancer Res. 2008 Jan 15;68(2):589-96.

Bali P, Pranpat M, Bradner J, Balasis M, Fiskus W, Guo F, Rocha K, Kumaraswamy S, Boyapalle S, Atadja P, Seto E, Bhalla K. Inhibition of histone deacetylase 6 acetylates and disrupts the chaperone function of heat shock protein 90: a novel basis for antileukemia activity of histone deacetylase inhibitors. J Biol Chem. 2005 Jul 22;280(29):26729-34

Bandhakavi S, McCann RO, Hanna DE, Glover CV. A positive feedback loop between protein kinase CKII and Cdc37 promotes the activity of multiple protein kinases. J Biol Chem. 2003 Jan 31;278(5):2829-36

Banerji U, O'Donnell A, Scurr M, Pacey S, Stapleton S, Asad Y, Simmons L, Maloney A, Raynaud F, Campbell M, Walton M, Lakhani S, Kaye S, Workman P, Judson I. Phase I pharmacokinetic and pharmacodynamic study of 17-allylamino, 17 demethoxygeldanamycin in patients with advanced malignancies. Cancer Research UK Centre for Cancer Therapeutics, The Institute of Cancer Research, 15 Cotswold Rd, Sutton, Surrey SM2 5NG, UK.

Bauer S, Yu LK, Demetri GD, Fletcher JA. Heat shock protein 90 inhibition in imatinib-resistant astrointestinal stromal tumor. Cancer Res. 2006 Sep 15;66(18):9153-61.

Bauer S, Duensing A, Demetri GD, Fletcher JA. KIT oncogenic signaling mechanisms in imatinib-resistant gastrointestinal stromal tumor: PI3-kinase/AKT is a crucial survival pathway. Oncogene. 2007 Nov 29;26(54):7560-8.

Besmer P, Murphy JE, George PC, Qiu FH, Bergold PJ, Lederman L, Snyder HW Jr, Brodeur D, Zuckerman EE, Hardy WD. A new acute transforming feline retrovirus and relationship of its oncogene v-kit with the protein kinase gene family.Nature. 1986 Apr 3-9;320(6061):415-21.

Biamonte MA, Van de Water R, Arndt JW, Scannevin RH, Perret D, Lee WC. Heat shock protein 90: inhibitors in clinical trials. J Med Chem. 2010 Jan 14;53(1):3-17.2

Brizzi MF, Blechman JM, Cavalloni G, Givol D, Yarden Y, Pegoraro L. Protein kinase C-dependent release of a functional whole extracellular domain of the mast cell growth factor (MGF) receptor by MGF-dependent human myeloid cells. Oncogene. 1994 Jun;9(6):1583-9.

Brizzi MF, Dentelli P, Rosso A, Yarden Y, Pegoraro LJ Biol Chem. STAT protein recruitment and activation in c-Kit deletion mutants. J Biol Chem. 1999 Jun 11;274(24):16965-72.

Blume-Jensen P, Claesson-Welsh L, Siegbahn A, Zsebo KM, Westermark B, Heldin CH. Activation of the human c-kit product by ligand-induced dimerization mediates circular actin reorganization and chemotaxis. EMBO J. 1991 Dec;10(13):4121-8.

Blume-Jensen P & Hunter T, Oncogenic kinase signalling Nature. 2001 May 17;411(6835):355-65.

Bouwmeester T, Bauch A, Ruffner H, Angrand PO, Bergamini G, Croughton K, Cruciat C, Eberhard D, Gagneur J, Ghidelli S, Hopf C, Huhse B, Mangano R, Michon AM, Schirle M, Schlegl J, Schwab M, Stein MA, Bauer A, Casari G, Drewes G, Gavin AC, Jackson DB, Joberty G, Neubauer G, Rick J, Kuster B, Superti-Furga G. A physical and functional map of the human TNF-alpha/NF-kappa B signal transduction pathway. Nat Cell Biol. 2004 Feb;6(2):97-105.

Calderwood SK, Khaleque MA, Sawyer DB, Ciocca DR. Heat shock proteins in cancer: chaperones of tumorigenesis. Trends Biochem Sci. 2006 Mar;31(3):164-72.

Candiano G, Bruschi M, Musante L, Santucci L, Ghiggeri GM, Carnemolla B, Orecchia P, Zardi L, Righetti PG. Blue silver: a very sensitive colloidal Coomassie G-250 staining for proteome analysis. Electrophoresis. 2004 May;25(9):1327-33.

Caplan AJ, Mandal AK, Theodoraki MA. Molecular chaperones and protein kinase quality control. Trends Cell Biol. 2007 Feb;17(2):87-92.

Carrington JC, Dougherty WG. Small nuclear inclusion protein encoded by a plant potyvirus genome is a protease. J Virol. 1987 Aug;61(8):2540-8.

Carrington JC, Dougherty WG. A viral cleavage site cassette: identification of amino acid sequences required for tobacco etch virus polyprotein processing. Proc Natl Acad Sci U S A. 1988 May;85(10):3391-5.

Ciocca DR, Calderwood SK. Heat shock proteins in cancer: diagnostic, prognostic, predictive, and treatment implications. Cell Stress Chaperones 2005;10:86-103.

Cox DM, Du M, Guo X, Siu KW, McDermott JC. Tandem affinity purification of protein complexes from mammalian cells. Biotechniques. 2002 Aug;33(2):267-8, 270.

Dagher R, Cohen M, Williams G, Rothmann M, Gobburu J, Robbie G, Rahman A, Chen G, Staten A, Griebel D, Pazdur R. Approval summary: imatinib mesylate in the treatment of metastatic and/or unresectable malignant gastrointestinal stromal tumors. Clin Cancer Res. 2002; 8: 3034-8.

Da Rocha Dias S, Friedlos F, Light Y, Springer C, Workman P, Marais R. Activated B-RAF is an Hsp90 client protein that is targeted by the anticancer drug 17-allylamino-17-demethoxygeldanamycin. Cancer Res. 2005 Dec 1;65(23):10686-91.

Debiec-Rychter M, Cools J, Dumez H, Sciot R, Stul M, Mentens N, Vranckx H, Wasag B, Prenen H, Roesel J, Hagemeijer A, Van Oosterom A, Marynen P. Mechanisms of resistance to imatinib mesylate in gastrointestinal stromal tumors and activity of the PKC412 inhibitor against imatinib-resistant mutants. Gastroenterology. 2005 Feb;128(2):270-9.

Demetri GD, George S, Morgan JA, Wagner A, Quigley MT, Polson K et al. Inhibiotn of the Heat Shock Protein 90 (Hsp90) chaperone with the novel agent IPI-504 to overcome resistance to tyrosine kinase inhibitors (TKIs) in metastatic GIST: Update results from phase 1 trail (abstract), J Clin. Oncol., 2007, 25, 10024

Demetri GD, Benjamin RS, Blanke CD, Blay JY, Casali P, Choi H, Corless CL, Debiec-Rychter M, DeMatteo RP, Ettinger DS, Fisher GA, Fletcher CD, Gronchi A, Hohenberger P, Hughes M, Joensuu H, Judson I, Le Cesne A, Maki RG, Morse M, Pappo AS, Pisters PW, Raut CP, Reichardt P, Tyler DS, Van den Abbeele AD, von Mehren M, Wayne JD, Zalcberg J; NCCN Task Force. NCCN Task Force report: management of patients with gastrointestinal stromal tumor (GIST)--update of the NCCN clinical practice guidelines. J Natl Compr Canc Netw. 2007 Jul;5 Suppl 2:S1-29; quiz S30.

DiNitto JP, Deshmukh GD, Zhang Y, Jacques SL, Coli R, Worrall JW, Diehl W, English JM, Wu JC. Function of activation loop tyrosine phosphorylation in the mechanism of c-Kit auto-activation and its implication in sunitinib resistance. J Biochem. 2010 Apr;147(4):601-9. Epub 2010 Feb 10.

Druker BJ, Tamura S, Buchdunger E, Ohno S, Segal GM, Fanning S, Zimmermann J, Lydon NB. Effects of a selective inhibitor of the Abl tyrosine kinase on the growth of Bcr-Abl positive cells. Nat Med. 1996; 2: 561–6. 63.

Duensing A, Medeiros F, McConarty B, Joseph NE, Panigrahy D, Singer S, et al. Mechanisms of oncogenic KIT signal transduction in primary gastrointestinal stromal tumors (GISTs). Oncogene 2004;23(22):3999–4006.

Ellis RJ, Hartl FU. Protein folding in the cell: competing models of chaperonin function. FASEB J. 1996 Jan;10(1):20-6.

Erlbruch A, Hung CW, Seidler J, Borrmann K, Gesellchen F, König N, Kübler D, Herberg FW, Lehmann WD, Bossemeyer D. Uncoupling of bait-protein expression from the prey protein environment adds versatility for cell and tissue interaction proteomics and reveals a complex of CARP-1 and the PKA Cbeta1 subunit. Proteomics. 2010 Aug;10(16):2890-900.

Faivre S, Raymond E, Boucher E, Douillard J, Lim HY, Kim JS, Zappa M, Lanzalone S, Lin X, Deprimo S, Harmon C, Ruiz-Garcia A, Lechuga MJ, Cheng AL. Safety, pharmacokinetic, and antitumor activity of SU11248, a novel oral multitarget tyrosine kinase inhibitor, in patients with cancer. J Clin Oncol 2006;24(1):25–35.

Fumo G, Akin C, Metcalfe DD, Neckers L. 17-Allylamino-17-demethoxygeldanamycin (17-AAG) is effective in down-regulating mutated, constitutively activated KIT protein in human mast cells. Blood. 2004 Feb 1;103(3):1078-84.

Furitsu T, Tsujimura T, Tono T, Ikeda H, Kitayama H, Koshimizu U, Sugahara H, Butterfield JH, Ashman LK, Kanayama Y, et al. Identification of mutations in the coding sequence of the proto-oncogene c-kit in a human mast cell leukemia cell line causing ligand-independent activation of c-kit product. J Clin Invest. 1993 Oct;92(4):1736-44.

Gajiwala KS, Wu JC, Christensen J, Deshmukh GD, Diehl W, DiNitto JP, English JM, Greig MJ, He YA, Jacques SL, Lunney EA, McTigue M, Molina D, Quenzer T, Wells PA, Yu X, Zhang Y, Zou A, Emmett MR, Marshall AG, Zhang HM, Demetri GD. KIT kinase mutants show unique mechanisms of drug resistance to imatinib and sunitinib in gastrointestinal stromal tumor patients. Proc Natl Acad Sci U S A. 2009 Feb 3;106(5):1542-7.

Gavin AC, Bösche M, Krause R, Grandi P, Marzioch M, Bauer A, Schultz J, Rick JM, Michon AM, Cruciat CM, Remor M, Höfert C, Schelder M, Brajenovic M, Ruffner H, Merino A, Klein K, Hudak M, Dickson D, Rudi T, Gnau V, Bauch A, Bastuck S, Huhse B, Leutwein C, Heurtier MA, Copley RR, Edelmann A, Querfurth E, Rybin V, Drewes G, Raida M, Bouwmeester T, Bork P, Seraphin B, Kuster B, Neubauer G, Hartley JL, Temple GF, Brasch MA. DNA cloning using in vitro site-specific recombination. Genome Res. 2000 Nov;10(11):1788-95.

Giannini A, Bijlmakers MJ. Regulation of the Src family kinase Lck by Hsp90 and ubiquitination. Mol Cell Biol. 2004 Jul;24(13):5667-76.

Girod A, Kinzel V, Bossemeyer D. In vivo activation of recombinant cAPK catalytic subunit active site mutants by coexpression of the wild-type enzyme, evidence for intermolecular cotranslational phosphorylation. FEBS Lett. 1996 Aug 5;391(1-2):121-5.

Gommerman JL, Sittaro D, Klebasz NZ, Williams DA, Berger SA. Differential stimulation of c-Kit mutants by membrane-bound and soluble Steel Factor correlates with leukemic potential. Blood. 2000 Dec 1;96(12):3734-42.

Gorre ME, Ellwood-Yen K, Chiosis G, Rosen N, Sawyers CL. BCR-ABL point mutants isolated from patients with imatinib mesylate-resistant chronic myeloid leukemia remain sensitive to inhibitors of the BCR-ABL chaperone heat shock protein 90. Blood. 2002 Oct 15;100(8):3041-4.

Gramza AW, Corless CL, Heinrich MC, Resistance to Tyrosine Kinase Inhibitors in Gastrointestinal Stromal Tumors. Clin Cancer Res. 2009 Dec 15;15(24):7510-7518

Grenert JP, Johnson BD, Toft DO. The importance of ATP binding and hydrolysis by hsp90 in formation and function of protein heterocomplexes. J Biol Chem. 1999 Jun 18;274(25):17525-33.

Grbovic OM, Basso AD, Sawai A, Ye Q, Friedlander P, Solit D, Rosen N. V600E B-Raf requires the Hsp90 chaperone for stability and is degraded in response to Hsp90 inhibitors. Proc Natl Acad Sci U S A. 2006 Jan 3;103(1):57-62.

Gunaratnam M, Swank S, Haider SM, Galesa K, Reszka AP, Beltran M, Cuenca F, Fletcher JA, Neidle S. Targeting human gastrointestinal stromal tumor cells with a quadruplex-binding small molecule.J Med Chem. 2009 Jun 25;52(12):3774-83.

Guo T, Agaram NP, Wong GC, Hom G, D'Adamo D, Maki RG, Schwartz GK, Veach D, Clarkson BD, Singer S, DeMatteo RP, Besmer P, Antonescu CR. Sorafenib inhibits the imatinib-resistant KITT670I gatekeeper mutation in gastrointestinal stromal tumor. Clin Cancer Res. 2007 Aug 15;13(16):4874-81.

Hartley JL, Temple GF, Brasch MA. DNA cloning using in vitro site-specific recombination. Genome Res. 2000 Nov;10(11):1788-95.

Heinrich MC, Griffith DJ, Druker BJ, Wait CL, Ott KA, Zigler AJ.. Inhibition of c-kit receptor tyrosine kinase activity by STI 571, a selective tyrosine kinase inhibitor. Blood. 2000; 96: 925–32.

Heinrich MC, Corless CL, Duensing A, McGreevey L, Chen CJ, Joseph N, et al. PDGFRA activating mutations in gastrointestinal stromal tumors. Science 2003;299(5607):708–10.

Heinrich MC, Corless CL, Demetri GD, Blanke CD, von Mehren M, Joensuu H, McGreevey LS, Chen CJ, Van den Abbeele AD, Druker BJ, Kiese B, Eisenberg B, Roberts PJ, Singer S, Fletcher CD, Silberman S, Dimitrijevic S, Fletcher JA. Kinase mutations and imatinib response in patients with metastatic gastrointestinal stromal tumor. J Clin Oncol. 2003 Dec 1;21(23):4342-9

Hirota S, Isozaki K, Moriyama Y, Hashimoto K, Nishida T, Ishiguro S, Kawano K, Hanada M, Kurata A, Takeda M, Muhammad Tunio G, Matsuzawa Y, Kanakura Y, Shinomura Y, Kitamura Y. Gain-of-function mutations of c-kit in human gastrointestinal stromal tumors.Science. 1998 Jan 23;279(5350):577-80.

Hunter T. Protein kinases and phosphatases: the yin and yang of protein phosphorylation and signaling. Cell. 1995 Jan 27;80(2):225-36.

Hunter T. Signaling--2000 and beyond. Cell. 2000 Jan 7;100(1):113-27

Huse M, Kuriyan J. The conformational plasticity of protein kinases. Cell. 2002 May 3;109(3):275-82.

Ikeda H, Kanakura Y, Tamaki T, Kuriu A, Kitayama H, Ishikawa J, Kanayama Y, Yonezawa T, Tarui S, Griffin JD. Expression and functional role of the proto-oncogene c-kit in acute myeloblastic leukemia cells. Blood. 1991 Dec 1;78(11):2962-8.

Isozaki K, Hirota S, Nakama A, Miyagawa J, Shinomura Y, Xu Z, et al. Disturbed intestinal movement, bile reflux to the stomach, and deficiency of c-kit expressing cells in Ws/Ws mutant rats. Gastroenterology 1995;109(2):456–64.

Isozaki K, Hirota S, Miyagawa J, Taniguchi M, Shinomura Y, Matsuzawa Y. Deficiency of c-kit+ cells in patients with a myopathic form of chronic idiopathic intestinal pseudo-obstruction. Am J Gastroenterol 1997;92(2):332–4.

Kamal A, Boehm MF, Burrows FJ. Therapeutic and diagnostic implications of Hsp90 activation. Trends Mol Med. 2004 Jun;10(6):283-90

Kim YS, Alarcon SV, Lee S, Lee MJ, Giaccone G, Neckers L, Trepel JB. Update on Hsp90 inhibitors in clinical trial. Curr Top Med Chem. 2009;9(15):1479-92.

Knuesel M, Wan Y, Xiao Z, Holinger E, Lowe N, Wang W, Liu X. Identification of novel protein-protein interactions using a versatile mammalian tandem affinity purification expression system. Mol Cell Proteomics. 2003 Nov;2(11):1225-33.

Kontogianni-Katsarou K, Dimitriadis E, Lariou C, Kairi-Vassilatou E, Pandis N, Kondi-Paphiti A. KIT exon 11 codon 557/558 deletion/insertion mutations define a subset of gastrointestinal stromal tumors with malignant potential. World J Gastroenterol. 2008 Mar 28;14(12):1891-7.

Kosano H, Stensgard B, Charlesworth MC, McMahon N, Toft D. The assembly of progesterone receptor-hsp90 complexes using purified proteins. J Biol Chem. 1998 Dec 4;273(49):32973-9.

Kovacs JJ, Murphy PJ, Gaillard S, Zhao X, Wu JT, Nicchitta CV, Yoshida M, Toft DO, Pratt WB, Yao TP. HDAC6 regulates Hsp90 acetylation and chaperone-dependent activation of glucocorticoid receptor. Mol Cell. 2005 May 27;18(5):601-7.

Krebs EG. The phosphorylation of proteins: a major mechanism for biological regulation. Biochem Soc Trans. 1985 Oct;13(5):813-20.

Lennartsson J, Blume-Jensen P, Hermanson M, Pontén E, Carlberg M, Rönnstrand L. Phosphorylation of Shc by Src family kinases is necessary for stem cell factor receptor/c-kit mediated activation of the Ras/MAP kinase pathway and c-fos induction. Oncogene. 1999 Sep 30;18(40):5546-53.

Lennartsson J, Wernstedt C, Engström U, Hellman U, Rönnstrand L. Identification of Tyr900 in the kinase domain of c-Kit as a Src-dependent phosphorylation site mediating interaction with c-Crk. Exp Cell Res. 2003 Aug 1;288(1):110-8

Lev S, Givol D, Yarden Y. Interkinase domain of kit contains the binding site for phosphatidylinositol 3' kinase. Proc Natl Acad Sci U S A. 1992 Jan 15;89(2):678-82.

Li CF, Huang WW, Wu JM, Yu SC, Hu TH, Uen YH, Tian YF, Lin CN, Lu D, Fang FM, Huang HY. Heat shock protein 90 overexpression independently predicts inferior disease-free survival with differential expression of the alpha and beta isoforms in gastrointestinal stromal tumors. Clin Cancer Res. 2008 Dec 1;14(23):7822-31.

Li Y, Zhang T, Schwartz SJ, Sun D. New developments in Hsp90 inhibitors as anti-cancer therapeutics: mechanisms, clinical perspective and more potential. Drug Resist Updat. 2009 Feb-Apr;12(1-2):17-27. Review.

Liegl-Atzwanger B, Fletcher JA, Fletcher CD. Gastrointestinal stromal tumors. Virchows Arch 2010;456(2):111–27.

Lin TY, Bear M, Du Z, Foley KP, Ying W, Barsoum J, London C. The novel HSP90 inhibitor STA-9090 exhibits activity against Kit-dependent and -independent malignant mast cell tumors. Exp Hematol. 2008 Oct;36(10):1266-77.

Linnekin D, DeBerry CS, Mou S. Lyn associates with the juxtamembrane region of c-Kit and is activated by stem cell factor in hematopoietic cell lines and normal progenitor cells. J Biol Chem. 1997 Oct 24;272(43):27450-5.

Longley BJ Jr, Metcalfe DD, Tharp M, Wang X, Tyrrell L, Lu SZ, Heitjan D, Ma Y. Activating and dominant inactivating c-KIT catalytic domain mutations in distinct clinical forms of human mastocytosis. Proc Natl Acad Sci U S A. 1999 Feb 16;96(4):1609-14.

Lopes LF, Bacchi CE. Imatinib treatment for gastrointestinal stromal tumour (GIST). J Cell Mol Med. 2010 Jan;14(1-2):42-50 Epub 2009 Nov 28.

Marks P, Rifkind RA, Richon VM, Breslow R, Miller T, Kelly WK. Histone deacetylases and cancer: causes and therapies. Nat Rev Cancer. 2001 Dec;1(3):194-202.

Martín J, Poveda A, Llombart-Bosch A, Ramos R, López-Guerrero JA, García del Muro J, Maurel J, Calabuig S, Gutierrez A, González de Sande JL, Martínez J, De Juan A, Laínez N, Losa F, Alija V, Escudero P, Casado A, García P, Blanco R, Buesa JM; Spanish Group for Sarcoma Research. Deletions affecting codons 557-558 of the c-KIT gene indicate a poor prognosis in patients with completely resected gastrointestinal stromal tumors: a study by the Spanish Group for Sarcoma Research (GEIS). J Clin Oncol. 2005 Sep 1;23(25):6190-8. Erratum in: J Clin Oncol. 2006 Apr 10;24(11):1784.

Mayer D, Baginsky S, Schwemmle M. Isolation of viral ribonucleoprotein complexes from infected cells by tandem affinity purification. Proteomics. 2005 Nov;5(17):4483-7.

Miller P, DiOrio C, Moyer M, Schnur RC, Bruskin A, Cullen W, Moyer JD. Depletion of the erbB-2 gene product p185 by benzoquinoid ansamycins. Cancer Res. 1994 May 15;54(10):2724-30.

Mimnaugh EG, Chavany C, Neckers L. Polyubiquitination and proteasomal degradation of the p185c-erbB-2 receptor protein-tyrosine kinase induced by geldanamycin. J Biol Chem. 1996 Sep 13;271(37):22796-801.

Miyata Y, Nishida E. Evaluating CK2 activity with the antibody specific for the CK2-phosphorylated form of a kinase-targeting cochaperone Cdc37. Mol Cell Biochem. 2008 Sep;316(1-2):127-34

Mol CD, Lim KB, Sridhar V, Zou H, Chien EY, Sang BC, Nowakowski J, Kassel DB, Cronin CN, McRee DE. Structure of a c-kit product complex reveals the basis for kinase transactivation. J Biol Chem. 2003 Aug 22;278(34):31461-4

Mol CD, Dougan DR, Schneider TR, Skene RJ, Kraus ML, Scheibe DN, Snell GP, Zou H, Sang BC, Wilson KP. Structural basis for the autoinhibition and STI-571 inhibition of c-Kit tyrosine kinase. J Biol Chem. 2004 Jul 23;279(30):31655-63.

Mühlenberg T, Zhang Y, Wagner AJ, Grabellus F, Bradner J, Taeger G, Lang H, Taguchi T, Schuler M, Fletcher JA, Bauer S. Inhibitors of deacetylases suppress oncogenic KIT signaling, acetylate HSP90, and induce apoptosis in gastrointestinal stromal tumors. Cancer Res. 2009 Sep 1;69(17):6941-50.

Murphy PJ, Morishima Y, Kovacs JJ, Yao TP, Pratt WB. Regulation of the dynamics of hsp90 action on the glucocorticoid receptor by acetylation/deacetylation of the chaperone. J Biol Chem. 2005 Oct 7;280(40):33792-9.

Nilsson B, Bümming P, Meis-Kindblom JM, Odén A, Dortok A, Gustavsson B, Sablinska K, Kindblom LG. Gastrointestinal stromal tumors: the incidence, prevalence, clinical course, and prognostication in the preimatinib mesylate area. Cancer 2005;103:821-9

Obermann WM, Sondermann H, Russo AA, Pavletich NP, Hartl FU. In vivo function of Hsp90 is dependent on ATP binding and ATP hydrolysis. J Cell Biol. 1998 Nov 16;143(4):901-10

Panaretou B, Prodromou C, Roe SM, O'Brien R, Ladbury JE, Piper PW, Pearl LH. ATP binding and hydrolysis are essential to the function of the Hsp90 molecular chaperone in vivo. EMBO J. 1998 Aug 17;17(16):4829-36.

Pascale RM, Simile MM, Calvisi DF, Frau M, Muroni MR, Seddaiu MA, Daino L, Muntoni MD, De Miglio MR, Thorgeirsson SS, Feo F. Role of HSP90, CDC37, and CRM1 as modulators of P16(INK4A) activity in rat liver carcinogenesis and human liver cancer. Hepatology. 2005 Dec;42(6):1310-9.

Pawson T, Nash P. Protein-protein interactions define specificity in signal transduction. Genes Dev. 2000 May 1;14(9):1027-47.

Pearl LH. Hsp90 and Cdc37 - a chaperone cancer conspiracy. Curr Opin Genet Dev. 2005 Feb;15(1):55-61.

Pearl LH, Prodromou C, Workman P. The Hsp90 molecular chaperone: an open and shut case for treatment. Biochem J. 2008 Mar 15;410(3):439-53.

Price DJ, Rivnay B, Fu Y, Jiang S, Avraham S, Avraham H. Direct association of Csk homologous kinase (CHK) with the diphosphorylated site Tyr568/570 of the activated c-KIT in megakaryocytes. J Biol Chem. 1997 Feb 28;272(9):5915-20.

Prince T, Matts RL. Definition of protein kinase sequence motifs that trigger high affinity binding of Hsp90 and Cdc37. J Biol Chem. 2004 Sep 17;279(38):39975-81.

Prince T, Sun L, Matts RL. Cdk2: a genuine protein kinase client of Hsp90 and Cdc37. Biochemistry. 2005 Nov 22;44(46):15287-95.

Prodromou C, Roe SM, O'Brien R, Ladbury JE, Piper PW, Pearl LH. Identification and structural characterization of the ATP/ADP-binding site in the Hsp90 molecular chaperone. Cell. 1997 Jul 11;90(1):65-75.

Puig O, Caspary F, Rigaut G, Rutz B, Bouveret E, Bragado-Nilsson E, Wilm M, Séraphin B. The tandem affinity purification (TAP) method: a general procedure of protein complex purification. Methods. 2001 Jul;24(3):218-29

Radosevic N, Winterstein D, Keller JR, Neubauer H, Pfeffer K, Linnekin D. JAK2 contributes to the intrinsic capacity of primary hematopoietic cells to respond to stem cell factor. Exp Hematol. 2004 Feb;32(2):149-56.

Reed SI. The selection of S. cerevisiae mutants defective in the start event of cell division. Genetics. 1980 Jul;95(3):561-77.

Richter K, Soroka J, Skalniak L, Leskovar A, Hessling M, Reinstein J, Buchner J. Conserved conformational changes in the ATPase cycle of human Hsp90. J Biol Chem. 2008 Jun 27;283(26):17757-65.

Rigaut G, Shevchenko A, Rutz B, Wilm M, Mann M, Séraphin B. A generic protein purification method for protein complex characterization and proteome exploration. Nat Biotechnol. 1999 Oct;17(10):1030-2

Roe SM, Ali MM, Meyer P, Vaughan CK, Panaretou B, Piper PW, Prodromou C, Pearl LH. The Mechanism of Hsp90 regulation by the protein kinase-specific cochaperone p50(cdc37). Cell. 2004 Jan 9;116(1):87-98.

Roskoski R Jr. Signaling by Kit protein-tyrosine kinase--the stem cell factor receptor. Biochem Biophys Res Commun. 2005 Nov 11;337(1):1-13. Sawai A, Chandarlapaty S, Greulich H, Gonen M, Ye Q, Sambol EB, Ambrosini G, Geha RC, Kennealey PT, Decarolis P, O'connor R, Wu YV, Motwani M, Chen JH, Schwartz GK, Singer S. Flavopiridol targets c-KIT transcription and induces apoptosis in gastrointestinal stromal tumor cells. Cancer Res. 2006 Jun 1;66(11):5858-66.

Sawai A, Chandarlapaty S, Greulich H, Gonen M, Ye Q, Arteaga CL, Sellers W, Rosen N, Solit DB. Inhibition of Hsp90 down-regulates mutant epidermal growth factor receptor (EGFR) expression and sensitizes EGFR mutant tumors to paclitaxel. Cancer Res. 2008 Jan 15;68(2):589-96.

Schmidt A, Durgan J, Magalhaes A, Hall A. Rho GTPases regulate PRK2/PKN2 to control entry into mitosis and exit from cytokinesis. EMBO J. 2007 Mar 21;26(6):1624-36.

Seidler J, Adal M, Kübler D, Bossemeyer D, Lehmann WD. Analysis of autophosphorylation sites in the recombinant catalytic subunit alpha of cAMP-dependent kinase by nano-UPLC-ESI-MS/MS. Anal Bioanal Chem. 2009 Nov;395(6):1713-20.

Seidler J, Zinn N, Haaf E, Boehm ME, Winter D, Schlosser A, Lehmann WD. Metal ion-mobilizing additives for comprehensive detection of femtomole amounts of phosphopeptides by reversed phase LC-MS. Amino Acids. 2010 Jun 16.

Scroggins BT, Robzyk K, Wang D, Marcu MG, Tsutsumi S, Beebe K, Cotter RJ, Felts S, Toft D, Karnitz L, Rosen N, Neckers L. An acetylation site in the middle domain of Hsp90 regulates chaperone function. Mol Cell. 2007 Jan 12;25(1):151-9.

Serve H, Hsu YC, Besmer P. Tyrosine residue 719 of the c-kit receptor is essential for binding of the P85 subunit of phosphatidylinositol (PI) 3-kinase and for c-kit-associated PI 3-kinase activity in COS-1 cells. J Biol Chem. 1994 Feb 25;269(8):6026-30.

Shah NP, Lee FY, Luo R, JiangY, DonkerM, Akin C. Dasatinib (BMS-354825) inhibits KITD816V, an imatinib-resistant activating mutation that triggers neoplasticgrowthi n most patients with systemic mastocytosis. Blood 2006;108:286^91

Shao J, Prince T, Hartson SD, Matts RL. Phosphorylation of serine 13 is required for the proper function of the Hsp90 co-chaperone, Cdc37. J Biol Chem. 2003 Oct 3;278(40):38117-20

Shivakrupa R, Linnekin D. Lyn contributes to regulation of multiple Kit-dependent signaling pathways in murine bone marrow mast cells. Cell Signal. 2005 Jan;17(1):103-9.

Siligardi G, Panaretou B, Meyer P, Singh S, Woolfson DN, Piper PW, Pearl LH, Prodromou C. Regulation of Hsp90 ATPase activity by the co-chaperone Cdc37p/p50cdc37. J Biol Chem. 2002 Jun 7;277(23):20151-9.

Smith DF, Schowalter DB, Kost SL, Toft DO. Reconstitution of progesterone receptor with heat shock proteins. Mol Endocrinol. 1990 Nov;4(11):1704-11.

Smith JR, Clarke PA, de Billy E, Workman P. Silencing the cochaperone CDC37 destabilizes kinase clients and sensitizes cancer cells to HSP90 inhibitors. Oncogene. 2009 Jan 15;28(2):157-69.

Spritz RA. Molecular basis of human piebaldism. J Invest Dermatol. 1994 Nov;103(5 Suppl):137S-140S.

Sreedhar AS, Kalmár E, Csermely P, Shen YF. Hsp90 isoforms: functions, expression and clinical importance. FEBS Lett. 2004 Mar 26;562(1-3):11-5.

Sreeramulu S, Gande SL, Göbel M, Schwalbe H. Molecular mechanism of inhibition of the human protein complex Hsp90-Cdc37, a kinome chaperone-cochaperone, by triterpene celastrol. Angew Chem Int Ed Engl. 2009;48(32):5853-5.

Stebbins CE, Russo AA, Schneider C, Rosen N, Hartl FU, Pavletich NP. Crystal structure of an Hsp90-geldanamycin complex: targeting of a protein chaperone by an antitumor agent. Cell. 1997 Apr 18;89(2):239-50.

Superti-Furga G. Functional organization of the yeast proteome by systematic analysis of protein complexes. Nature. 2002 Jan 10;415(6868):141-7.

Terasawa K, Minami M, Minami Y Constantly updated knowledge of Hsp90. J Biochem. 2005 Apr;137(4):443-7.

Terasawa K, Yoshimatsu K, Iemura S, Natsume T, Tanaka K, Minami Y. Cdc37 interacts with the glycine-rich loop of Hsp90 client kinases. Mol Cell Biol. 2006 May;26(9):3378-89.

Thömmes K, Lennartsson J, Carlberg M, Rönnstrand L. Identification of Tyr-703 and Tyr-936 as the primary association sites for Grb2 and Grb7 in the c-Kit/stem cell factor receptor. Biochem J. 1999 Jul 1;341 (Pt 1):211-6.

Timokhina I, Kissel H, Stella G, Besmer P. Kit signaling through PI 3-kinase and Src kinase pathways: an essential role for Rac1 and JNK activation in mast cell proliferation. EMBO J. 1998 Nov 2;17(21):6250-62.

Tuveson DA, Willis NA, Jacks T, et al. STI571 inactivation of the gastrointestinal stromal tumor c-KIT oncoprotein: biological and clinical implications. Oncogene. 2001; 20: 5054–8. 61.

Vaughan CK, Gohlke U, Sobott F, Good VM, Ali MM, Prodromou C, Robinson CV, Saibil HR, Pearl LH. Structure of an Hsp90-Cdc37-Cdk4 complex. Mol Cell. 2006 Sep 1;23(5):697-707.

Veraksa A, Bauer A, Artavanis-Tsakonas S.Analyzing protein complexes in Drosophila with tandem affinity purification-mass spectrometry. Dev Dyn. 2005 Mar;232(3):827-34.

Verweij J, Casali PG, Zalcberg J, LeCesne A, Reichardt P, Blay JY, Issels R, van Oosterom A, Hogendoorn PC, Van Glabbeke M, Bertulli R, Judson I. Progression-free survival in gastrointestinal stromal tumours with high-dose imatinib: randomised trial. Lancet. 2004 Sep 25-Oct 1;364(9440):1127-34.

Wagner AJ, Morgan JA, Rosen LS, George S, Gordeon MS, Devine CM et al. Inhibition of heat shock protein 90 (hsp90) with the novel agent IPI-504 in metastatic GIST following failure of tyrosine kinase inhibitors (TKIs) or other sacromas: Clinical results from phase 1 trail (abstract),J.Clin.Oncol.,2008,26,10503.

Weinstein IB: Cancer. Addiction to oncogenes — the Achilles heal of cancer. Science 2002, 297:63-64.

Whitesell L, Mimnaugh EG, De Costa B, Myers CE, Neckers LM. Inhibition of heat shock protein HSP90-pp60v-src heteroprotein complex formation by benzoquinone ansamycins: essential role for stress proteins in oncogenic transformation. Proc Natl Acad Sci U S A. 1994Aug 0;91(18):8324-8.

Whitesell L and Lindquist SL. (2005) HSP90 and the chaperoning of cancer. Nat. Rev.Cancer 5, 761–772

Wiech H, Buchner J, Zimmermann R, Jakob U. Hsp90 chaperones protein folding in vitro. Nature. 1992 Jul 9;358(6382):169-70.

Williams DE, Eisenman J, Baird A, Rauch C, Van Ness K, March CJ, Park LS, Martin U, Mochizuki DY, Boswell HS, et al. Identification of a ligand for the c-kit proto-oncogene. Cell. 1990 Oct 5;63(1):167-74.

Wollberg P, Lennartsson J, Gottfridsson E, Yoshimura A, Rönnstrand L. The adapter protein APS associates with the multifunctional docking sites Tyr-568 and Tyr-936 in c-Kit. Biochem J. 2003 Mar 15;370(Pt 3):1033-8.

Woodman SE, Trent JC, Stemke-Hale K, Lazar AJ, Pricl S, Pavan GM, Fermeglia M, Gopal YN, Yang D, Podoloff DA, Ivan D, Kim KB, Papadopoulos N, Hwu P, Mills GB, Davies MA. Activity of dasatinib against L576P KIT mutant melanoma: molecular, cellular, and clinical correlates. Mol Cancer Ther. 2009 Aug;8(8):2079-85.

Workman P. Altered states: selectively drugging the Hsp90 cancer chaperone. Trends Mol Med. 2004 Feb;10(2):47-51.

Workman P, Burrows F, Neckers L, Rosen N. Drugging the cancer chaperone HSP90: combinatorial therapeutic exploitation of oncogene addiction and tumor stress. Ann. N.Y. Acad. Sci. 2007 1113, 202–216

Xu W, Mimnaugh E, Rosser MF, Nicchitta C, Marcu M, Yarden Y, Neckers L. Sensitivity of mature Erbb2 to geldanamycin is conferred by its kinase domain and is mediated by the chaperone protein Hsp90. J Biol Chem. 2001 Feb 2;276(5):3702-8.)

Xu W, Neckers L.Targeting the molecular chaperone heat shock protein 90 provides a multifaceted effect on diverse cell signaling pathways of cancer cells. Clin Cancer Res 2007;13:1625-9.

Yarden Y, Kuang WJ, Yang-Feng T, Coussens L, Munemitsu S, Dull TJ, Chen E, Schlessinger J, Francke U, Ullrich A. Human proto-oncogene c-kit: a new cell surface receptor tyrosine kinase for an unidentified ligand. EMBO J. 1987 Nov;6(11):3341-51.

Yu W, Rao Q, Wang M, Tian Z, Lin D, Liu X, Wang J. The Hsp90 inhibitor 17-allylamide-17-demethoxygeldanamycin induces apoptosis and differentiation of Kasumi-1 harboring the Asn822Lys KIT mutation and down-regulates KIT protein level. Leuk Res. 2006 May;30(5):575-82.

Zhang Z, Zhang R, Joachimiak A, Schlessinger J, Kong XP.Crystal structure of human stem cell factor: implication for stem cell factor receptor dimerization and activation. Proc Natl Acad Sci U S A. 2000 Jul 5;97(14):7732-7.

Zhang T, Hamza A, Cao X, Wang B, Yu S, Zhan CG, Sun D. A novel Hsp90 inhibitor to disrupt Hsp90/Cdc37 complex against pancreatic cancer cells. Mol Cancer Ther. 2008 Jan;7(1):162-70.

Zhang T, Li Y, Yu Y, Zou P, Jiang Y, Sun D. Characterization of celastrol to inhibit hsp90 and cdc37 interaction. J Biol Chem. 2009 Dec 18;284(51):

Zheng S, Chen LR, Wang HJ, Chen SZ. Analysis of mutation and expression of c-kit and PDGFR-alpha gene in gastrointestinal stromal tumor. Hepatogastroenterology. 2007 Dec;54(80):2285-90.

7 Abkürzungsverzeichnis

aa	Aminosäure (*amino acid*)
A, G, Y	Alanin, Glycin, Tyrosin...; Abkürzung entsprechend dem Einbuchstaben-Code für Aminosäuren und Peptide nach IUPAC
Ala,Gly,Tyr...	Alanin, Glycin, Tyrosin...; Abkürzung entsprechend dem Dreibuchstaben-Code für Aminosäuren und Peptide nach IUPAC
ADP	Adenosindiphosphat
ATP	Adenosintriphosphat
bp	Basenpaar(e)
BSA	Rinderserumalbumin (*bovine serum albumin*)
C-Terminus	Carboxyterminus
Cdc37	*cell division cycle 37*
d	Tag(e)
Da	Dalton
DMEM	*Dublecco's Modified Eagles Medium*
EGF	*Epidermal growth factor*
ESI	Elektrospray-Ionisation
FCS	Fötales Kälberserum
FDA	*Food and Drug Administration*
Flag	Peptid (DYKDDDDK)
g	Erdbeschleunigung (9,81m/s^2)
g, mg, µg	Gramm, Milligramm, Mikrogramm
GFP	*green fluorescent protein*
GIST	Gastrointestinaler Stromatumor
GST	Glutathion-S-Transferase
h	Stunde(n)
HEK	*Human embryonic kidney cells*
HeLa	Zervixkarzinomzelllinie, benannt nach Henriette Lacks
HGF	*hepatocyte growth factor*
Hsp	*Heat shock protein*
kb	Kilobasen
kDa	Kilodalton
l, ml, µl	Liter, Milliliter, Mikroliter
M, mM, nM	Molar, Millimolar, Nanomolar
mA	Milliampere
mAb	Monoklonaler Antikörper

MAPK	*Mitogen activated protein kinases* (MAP-Kinasen)
MCS	multiple cloning site
min	Minute(n)
mol, mmol, nmol,µm	Mol, Millimol, Nanomol, Mikromol
MW	Molekulargewicht, (*molecular weight*)
nanoESI-MS	*Nano-electrospray-ionization mass-spectrometry*
nt	Nukleotid(e)
N-Terminus	Aminoterminus
OD	optische Dichte
ORF	*open reading frame*
pAb	Polyklonaler Antikörper
PAGE	Polyacrylamid-Gelelektrophorese (*polyacrylamide gel electrophoresis*)
PBS	Phosphat gepufferte Salzlösung (*phosphate bufferd solution*)
PCR	Polymerasekettenreaktion (*polymerase chain reaction*)
PDGFR	*Platelet-derived growth factor receptor*
PKA	Proteinkinase A
PI3K	Phosphatidylinositol-3-Kinase
pTyr	Pospho-Tyrosin
s	Sekunde(n)
SCF	*Stem cell factor*
TAP	Tandem-Affinitätsreinigung (tandem affinity purification)
TEV	*Tabacco etch virus* Protease
u-TAP	Expressions-entkoppelte Tandem-Affinitätsreinigung (expression uncoupled tandem affinity purification)
U	Enzymeinheit (*unit*)
V	Volt

8 Anhang

8.1 Interaktionspartner von c-Kit Wildtyp

Protein	Bezeichnung	TAP-c-Kit nicht aktiviert	TAP-c-Kit aktiviert
SIGNALPROTEINE			
PK3CB_human	PI3-Kinase katalytische UE β	NEIN	JA
P85A/B_Human	PI3-Kinase regulatorische UE α und β	NEIN	JA
STAT1,2,3_Human	Signal transducer and activator of transcription 1, 2, 3	NEIN	JA
JAK1_Human	Janus-Kinase 1	NEIN	JA[1]
GRB2_Human	Growth factor receptor-bound protein 2	NEIN	JA
PKN2_Human	Serine/threonin proteinkinase N2	NEIN	JA[1]
SRC8_Human	Src Substrat Cortactin	NEIN	JA[1]
GTPasen ASSOZIIERTE PROTEINE			
IQGA1_Human	IQ-Motif beinhaltendes GAP bindet an CDC42	JA	JA
IMB3_Human	Importin 5, Ran-GTP bindendes Protein	JA	JA
IPO7_Human	Importin 7, Ran-GTP bindendes Protein	JA	JA
GBB1_Human	GTP-bindendes Protein β-polypeptide 1	JA	JA
RAP2_Human	Ras-related protein Rap-2a	JA	JA
STOFFWECHSELENZYME			
METK2_Human	Methionin-Adenosyltransferase II α	JA	JA
G3P-Human	Glycerinaldehyd-3-Phosphat-Dehydrogenase	NEIN	JA
PIMT_Human	Protein-L-isoaspartate(D-aspartate) O-methyltransferase	NEIN	JA
FASN	Fettsäuresynthetase	JA	JA
ECHA_Human	3-oxoacyl-CoA thiolase	NEIN	JA
PDIA4_Human	Protein-disulfid-Isomerase	NEIN	JA

Protein	Bezeichnung	TAP-c-Kit nicht aktiviert	TAP-c-Kit aktiviert
P5CS_Human	Aldehyd-Dehydrogenase Familie 18, Mitglied A1	NEIN	JA
XCT_Human	solute carrier family 7, member 18	JA	JA

PROLIVERATIONSRELEVANTE PROTEINE

PCNA	Proliferating cell nuclear antigen	JA	JA
PRDX1_Human	Peroxiredoxin 1	NEIN	JA
PHB_Human	Prohibitin	JA	JA

CHAPERONE

Hsp90_Human	Chaperon	JA	JA
Cdc37_Human	Hsp90 Cochaperon	NEIN *	JA*
TCPE_Human	Chaperonin containing TCP1, subunit 5 (Chaperon)	NEIN	JA
MYPT1_Huamn	Proteinphosphatase 1, regulatorische Einheit	NEIN	JA
TCTP_Human	Tumor protein, translationally-controlled 1	NEIN *	JA*

SONSTIGE PROTEINE

UBE1_Human	Ubiquitin E1	JA	JA
FLII_Human	Flightless I homolog	JA	JA
LEG3_Human	Galektin-3	NEIN *	JA*
TAGL2_Human	Transgelin 2	JA	JA
TMB3_Human MOES_Human	Tropomyosin, Moesin (Zytoskelett)	NEIN *	JA*
CSRP1-Human	Cystein- und Glycinreiches Protein	NEIN *	JA*
IF4B_Human	Eukaryotic translation initiation factor 4B	NEIN	JA
RCN1_Human	Reticulocalbin 1,	NEIN *	JA*
EFTU_Human	Elongationsfaktor Tu	NEIN *	JA*
ANO2_Human	Anoctamin-2	NEIN *	JA*
PHAR3_Human	Phosphatase and actin regulator 3	NEIN *	JA*

Zeichenerklärungen: * = diese Proteine wurden nur einmal identifiziert. Es wurde bei diesem Versuch keine vergleichenden Untersuchungen mit nicht-aktiviertem c-Kit Wildtyp Köderprotein durchgeführt. [1] = Proteine konnten nur einmal identifiziert werden

Alle hier aufgelisteten Proteine konnten in der Negativkontrolle nicht identifiziert werden.

Folgende Proteine wurden als unspezifische Bindepartner in der Negativkontrolle gefunden: Myosin, Spectrin, Filamin Plektin und Clathrin, sowie Hsp60 und Hsp70 wurden als unspezifische Bindepartner in der Negativkontrolle gefunden.

Die VDM Verlagsservicegesellschaft sucht für wissenschaftliche Verlage abgeschlossene und herausragende

Dissertationen, Habilitationen, Diplomarbeiten, Master Theses, Magisterarbeiten usw.

für die kostenlose Publikation als Fachbuch.

Sie verfügen über eine Arbeit, die hohen inhaltlichen und formalen Ansprüchen genügt, und haben Interesse an einer honorarvergüteten Publikation?

Dann senden Sie bitte erste Informationen über sich und Ihre Arbeit per Email an *info@vdm-vsg.de*.

Sie erhalten kurzfristig unser Feedback!

VDM Verlagsservicegesellschaft mbH
Dudweiler Landstr. 99   Telefon +49 681 3720 174
D - 66123 Saarbrücken   Fax   +49 681 3720 1749

www.vdm-vsg.de

Die VDM Verlagsservicegesellschaft mbH vertritt

MIX
Papier aus verantwortungsvollen Quellen
Paper from responsible sources
FSC® C105338

Printed by Books on Demand GmbH, Norderstedt / Germany